Komaki Kubo 圖文
李瓔祺 ──────── 譯

把空間變大變整齊的收納法

理科先生煥然一新整理術

序章

小時候
收拾乾淨！
家長
不要弄得亂七八糟！
自己座位上的東西要收拾乾淨！
老師
我一直被大人們這樣訓斥。
但我完全
當耳邊風
收拾
乾淨
小時候的Kubo
畢竟東西再怎麼亂丟亂放
也死不了人……
吸—
吸—
但我也心知肚明，這絕不是件好事。
杜鵑花
因為書桌上是這樣的狀態，
暫時先
推到旁邊去。
刷—
最小限度的空間
所以功課也沒辦法好好做。

奇怪？我本來打算要做什麼？
因為被雜亂的東西包圍著，所以腦中也一片混亂……
反正收拾好了，
馬上又恢復原狀，
整理只是在浪費時間吧……
滾上床
於是造就了我這樣的思考模式。
一直沒有培養出收拾整理的習慣，就這樣長大成人了。
嘿嘿……
NOW
現在回想起來，
收拾乾淨！
妳這小孩怎麼說不聽!!
家長
angry
呆
雖然一直挨罵……
但也沒有大人來教我該怎麼收拾整理。
亂糟糟
不知從何下手……
這本書是在記錄著這樣的我，在老公的幫助下，如何一步一步學會收拾。
我們一起動手做吧！
Paruru也要一起做！
祝大家展書愉快！
翻頁

目次

漫畫

出場人物介紹

Paruri

獨生女。小學五年級，外表卻像小一，因此常被誤認為是天才。喜歡運動、納豆和秋葵。長大後的夢想是在NASA或納豆製造公司當研究員。

老公

某製造商的機械設計工程師。擁有徹底的理科腦，有條不紊而愛操心。做事認真，從結婚之初，就開始確實地管理家計，並安排了縝密的投資計畫。個性溫和。

Komaki Kubo

不擅整理，擅長在不知不覺間讓房間變成一座魔窟。經常弄丟結婚戒指之類的重要物品。口頭禪是「船到橋頭自然直」「肯動手，就做得到」。

第1話

老公成了整理收納的專家?!

Rikei Otto no Mirumiru Katazuku! Seiri Shunou Jutsu

我經常會客套地說——
歡迎隨時到我家來玩！
但實際上……
咦？現在要來？
我、我家真的很凌亂。
心頭一驚……
萬歲！
呵呵呵……
亂糟糟
連留給我們走路的通道都沒有。
卻是這副德性。
怎麼了？
嘆氣……
老公的工作是工程師。
他在工作專業之外，還擁有職涯顧問等的證照。
他的個性非常沉著穩重，所以我經常向他求助。
怎麼樣才能讓家裡不這麼髒亂……？

我也想要過著有品味的生活啊！
但是！人家就是不知道怎麼收拾嘛！
我也很嚮往雜誌、IG上經常可見的那種精緻生活（?!）啊！
像這種！
可是真實的生活卻是這樣。
看了真是心煩意亂！
對──待在沒有收拾整齊的空間裡，總教人心浮氣躁……
我也想過要好好整理，
所以買了收納箱放在家裡。
我丟我丟
我丟丟丟
可是箱子裡東西愈積愈多，結果只是徒增一堆重不啦嘰的箱子……
慘敗
想找的時候，也不知道東西收在哪個箱子裡……
白旗
在社群網站上看到漂亮的生日裝飾，
Lovemysweethome
HAPPY BIRTHDAY
Lovemysweethome
女兒3歲生日♡ 一早就開始裝飾她的房間！希望她看了會很開心♡
Paruri（女兒）生日時，我也要這樣做！

吹氣球
布置裝飾……
因為沒有文字造型的氣球，
寫
寫
所以就用手寫的……
貼上
從膠帶上脫落
HAPPY BIRTHDAY
冷風吹過……
散落滿地
一點都不漂亮……
反而變得更凌亂！

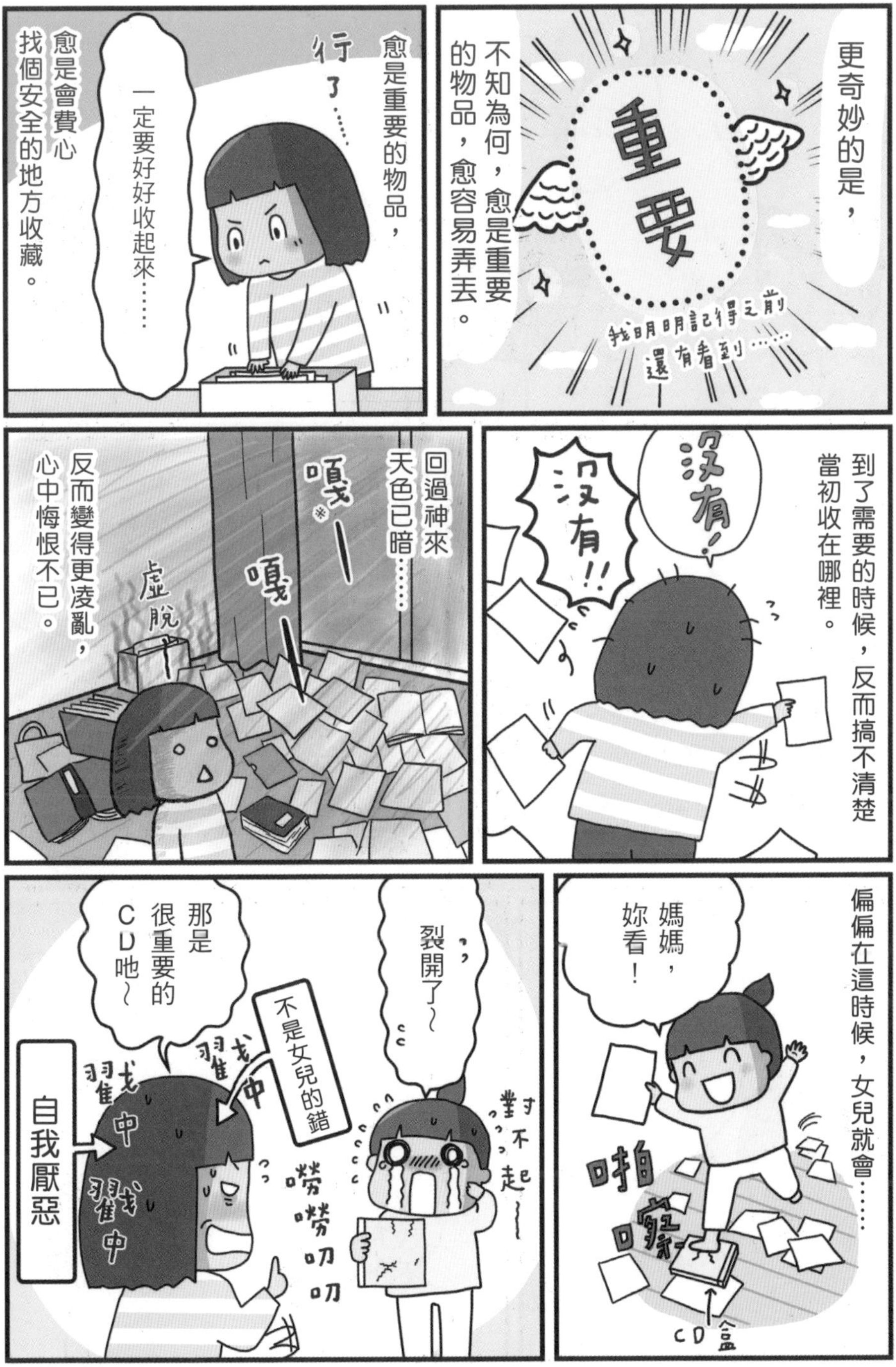
更奇妙的是，
不知為何，愈是重要的物品，愈容易弄丟。
重要
我明明記得之前還有看到……
愈是重要的物品，
行了……
一定要好好收起來……
愈是會費心找個安全的地方收藏。
到了需要的時候，反而搞不清楚當初收在哪裡。
沒有！
沒有!!
回過神來天色已暗……
嘎※—
嘎—
虛脫
反而變得更凌亂，心中悔恨不已。
偏偏在這時候，女兒就會……
媽媽，妳看！
啪嚓
CD盒
裂開了~
對不起~
那是很重要的CD吔~
不是女兒的錯
戳中
戳中
戳中
自我厭惡
嘮嘮叨叨

※註：烏鴉叫。

總覺得每天胸口憋著一股悶氣，很不舒坦……
咦？
啜泣 啜泣
身為太太，本來該把家裡打理好，真的很抱歉。
咦？我沒有怪妳啊。
咦？
低頭
家裡這麼凌亂，我又老是丟東西，老是在浪費時間……
真的很對不起……
等等，歐斯K（暫停）！
死語
那才是重點！凌亂不是問題，時間才是。
東西弄丟了、弄壞了，總是有辦法補救，但時間過去了，就不可能再回來。
CD
如果可以省下浪費掉的時間，那我們就能一起悠閒地喝茶吃點心了！

也有更多時間
跟Paruri盡情玩遊戲了。
媽媽，妳看~!!
啊！
而且，家事不是太太一個人的工作喔。
家人就該同心協力改善現況，我們一起動手整理吧！
給我一點時間，我來想想看該如何改善。
雖說如此，到底該怎麼做……
嗯~
幾天後——
老婆—
妳看，有這種證照呢。
?
整理收納顧問？
整理收納顧問
1級・2級
10月18日
3級
10月24日
沒錯。
一共是三級到一級，考過一級的話，就能從事整理收納的工作了。
咦？
驚驚……

所、所以說……是要我去考這個證照嗎？
因為我收拾不好，所以要我好好學習的意思嗎？
不是。是我想去考。
不行嗎？
什麼？
可能因為我是理工人，我不喜歡做事缺乏效率。
如果收拾這件事有它的規則的話，那我就想事先學起來，再開始收拾。
規則……？
如果有訣竅的話，先學起來才不會浪費時間，不是嗎？
東西丟了事小，但我會為了省下找東西的時間而努力的！
光是有這個心意，我就很感動了……
Good job……
沒想到他愈學愈起勁，最後竟然以第一名的成績
通過1級
萬歲!!

整理收納顧問應該都是女生吧？
幾乎全都是女生。
你會不會覺得不好意思啊？
一點都不會。
斬釘截鐵
？
我是老古板嗎？
硬邦邦
石頭
我要痛改前非，現在就來收拾家裡！
等一下。
停格
凌亂也沒關係喔。
Why?
凌亂也沒關係?!
而且我們家裡又有小孩……
只要有人在生活，就一定會弄得到處都是東西啊。
超贊同！
點頭
點頭

那這副慘況是要怎麼辦……
亂糟糟
不要把話說得那麼好聽啊。
只要慢慢轉型成一個用完立刻收拾的家庭就好了。
什麼?!
用完立刻收拾?!
收拾??我就是不會收拾才在這邊煩惱啊?最後一定會變得一如既往。
心浮氣躁
心浮氣躁
沒問題,我們一起做吧!
妳現在很心浮氣躁夠!!
所謂「收拾」
拾起
就是用完立刻把東西歸位。

你說這不是廢話嗎！
啊！
但是妳做不到吧？
妳覺得為什麼會做不到？
這個嘛……
好痛
比方說，這個書櫃已經塞得滿滿的，放不下更多書了，對吧？
連縫隙都塞滿了書。
Paruri之所以看完不把書收好，應該是因為沒有地方可以放回去吧？
確實連一點縫隙都沒有。
但有些書應該已經不會再看了。
我們先把書全部拿出來看看。
咦？
超麻煩的
雖然很累人，但還是全部都搬出來了。
比想像中還多。
嘿咻
我們有買過這本書嗎？
像這樣拿出來俯視，就能察覺到很多事。

※註：日本通訊業者為手機提供的一種上網服務。

把已經不看的書清掉以後，就會有新的書放進來喔。
真的嗎？
這裡
繪本用手機拍起來保存。
雖然捨不得，但人在成長，書櫃裡的書就該一起成長吧……
喀嚓
有空間可以擺放後，
真神奇，把書歸位不再是一件麻煩事了……
好棒……
雖然清除舊物會令人焦慮，但有了新的空間，會帶來更大的喜悅……
而且隨手就能收拾乾淨，心理壓力也消失了……
心靈好澄澈……
老公的指導，不單是教我們收拾的技巧，他還會以顧問的身分，一點一點地為我們解決收拾上的煩惱。然後……
大約半年後
我們家變成立刻就能恢復到這種狀態！
要不要讓你家也變成一個用完立刻收拾的地方？

勤奮用功地為家人取得證照。

第2話

穿不下的高級鞋子立刻丟掉!!

拉、拉鍊!!
拉不起來!
也有些鞋子因為當時不想面對殘酷的現實,而沒有立刻丟掉……
往事不堪回憶……

Rikei Otto no Mirumiru Katazuku! Seiri Shunou Jutsu

※註：Paruri的第一人稱是「Me」。

今天起，我也要開始努力收拾！
現在有動力了！
呃！
Denos
室內裝潢
以前是沒地方可以歸位，但現在有空間了。
很好很好。
好多好方便的收納商品喔！
寬15cm
善用無效空間，附滾輪超便利。
價格（含稅價格）13,500日圓
你看！像這個家具，連這麼狹小的空隙都能徹底運用！
慷慨
激昂
創造收納空間不是很重要嗎？像是零碎的小東西，也都有地方收藏！
停停停……
這個嘛……還是不要再買更多收納用品比較……

先……
先冷靜一下……
呼呼
之前我們不是整理過書本嗎？
那時候清掉的書有多少？
數量真的很多……
振翅高飛……
學會Windows 2000
立刻！瘦下來
感謝你們過去的陪伴……
書櫃變得如何？
變出好多空間！
快答
這不就表示，只要製造出空間，就不需要收納用品了？
是的，你說得沒錯……
唔！
空間
再說，我們家已經有很多收納箱啦。
我們先全部拿出來看看吧？

現在收拾雜物的地方都不夠了，所以我才會說要買收納箱啊……
哪有很多啊~~
動腦前先動手！
噗—噗—
三十分鐘後……
哇哈哈
收納箱多到都可以開專賣店了！
百圓商品店收納箱軍團代表選手
其他還有很多!!
各式各樣的百圓商品店收納箱多不勝數!!
漂亮的藤編收納箱
紀念品等等
Hawaii
NY
還有很多……
大型收納箱
有好幾個
一大堆各種大小尺寸
塑膠抽屜
什麼時候跑出這麼多收納箱來的?!

當初買這麼大的收納箱是為了什麼……
媽媽！
現在已經變成Paruri的玩具了……
現在……
迫近
還需要收納箱嗎？
不……不需要了……
甚至想買個櫃子來放收納箱了！
呵－呵呵呵
竟然說這麼無聊的笑話來轉移注意，我好丟臉！
哇啊啊啊！
先從減少物品開始做起吧。
減少物品……
這時候，不懂收拾的人會是什麼樣的心境……
減少……物品……
要怎麼減少？
感覺好麻煩……
心浮氣躁
一股煩躁感在胸口油然而生……
石化
硬邦邦
硬邦邦
通常都會變成這樣……

減少一點點就好了。
？
龜裂
龜裂
不用全部都收拾，減少一樣就好了。
有一種重見天日的感覺。
砰！
碎裂
碎裂
不用一次全部到位，我們可以一步一步朝目標前進。
目標
目標感覺好遙遠啊……
千里之行始於足下！我們可以一起思考要怎麼做！
雖然妳可能想在一天之內就打造出理想的居家空間吧。
呃！
被說中
先從玄關開始整理。
咦?!

咦？為什麼是玄關？衣服呢？
WHY??
其他不是還有很多地方可以整理嗎？
衣服的話，很多都已經有感情了……
整理起來很花時間啊。
NOMO
16
感覺會丟不下手……
的確……
以現在的狀態開始整理衣服的話……
哇……這是我以前很喜歡的衣服……
沉醉往事中……
這麼短版的上衣……
已經這麼晚了?!
我又在浪費時間了！結果什麼事都沒做！
嗚嗚嗚
嗚嗚嗚
淚水
可以想像得到會變成這幅光景，所以我才想先從玄關開始，比較不會產生挫折感。
好寫實—
從玄關開始的理由
●收拾的對象物較少（基本上只有鞋子）。
●地方小，可以快速收拾完成。
●成果顯而易見。
理由大概就這幾項。

先來看看玄關。
都是我和Paruri的鞋子……
滿坑滿谷
打開鞋櫃一看
喀嚓
擁擠
塞得滿滿的！
哇！
擁擠
因為我的鞋子擺不下了，所以上下交疊著擺……
好像大烏龜揹小烏龜。
媽媽！
感覺鞋櫃不是用來收納鞋子，而是在硬塞「東西」進去……
哈、哈、哈！
不是散亂一地，
而是沒地方擺放，所以滿到地上來……
妳說得沒錯。
跟書櫃清出空位一樣，這次來幫鞋櫃製造出空間吧！

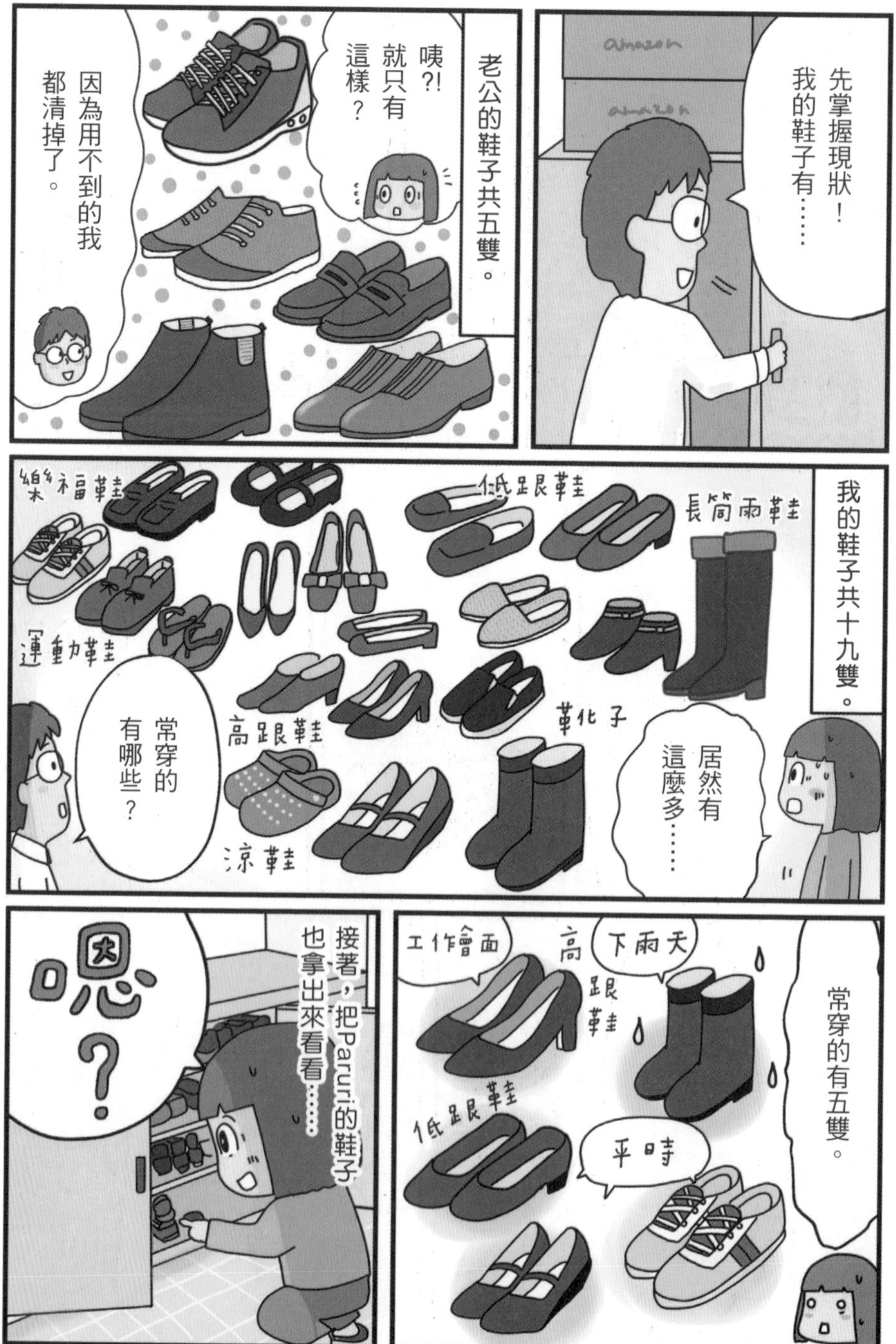

先掌握現狀！我的鞋子有……
老公的鞋子共五雙。
咦?! 就只有這樣？
因為用不到的我都清掉了。
我的鞋子共十九雙。
樂福鞋
運動鞋
低跟鞋
長筒雨鞋
高跟鞋
靴子
涼鞋
居然有這麼多……
常穿的有哪些？
常穿的有五雙。
下雨天
高跟鞋
工作會面
低跟鞋
平時
接著，把Paruri的鞋子也拿出來看看……
嗯？

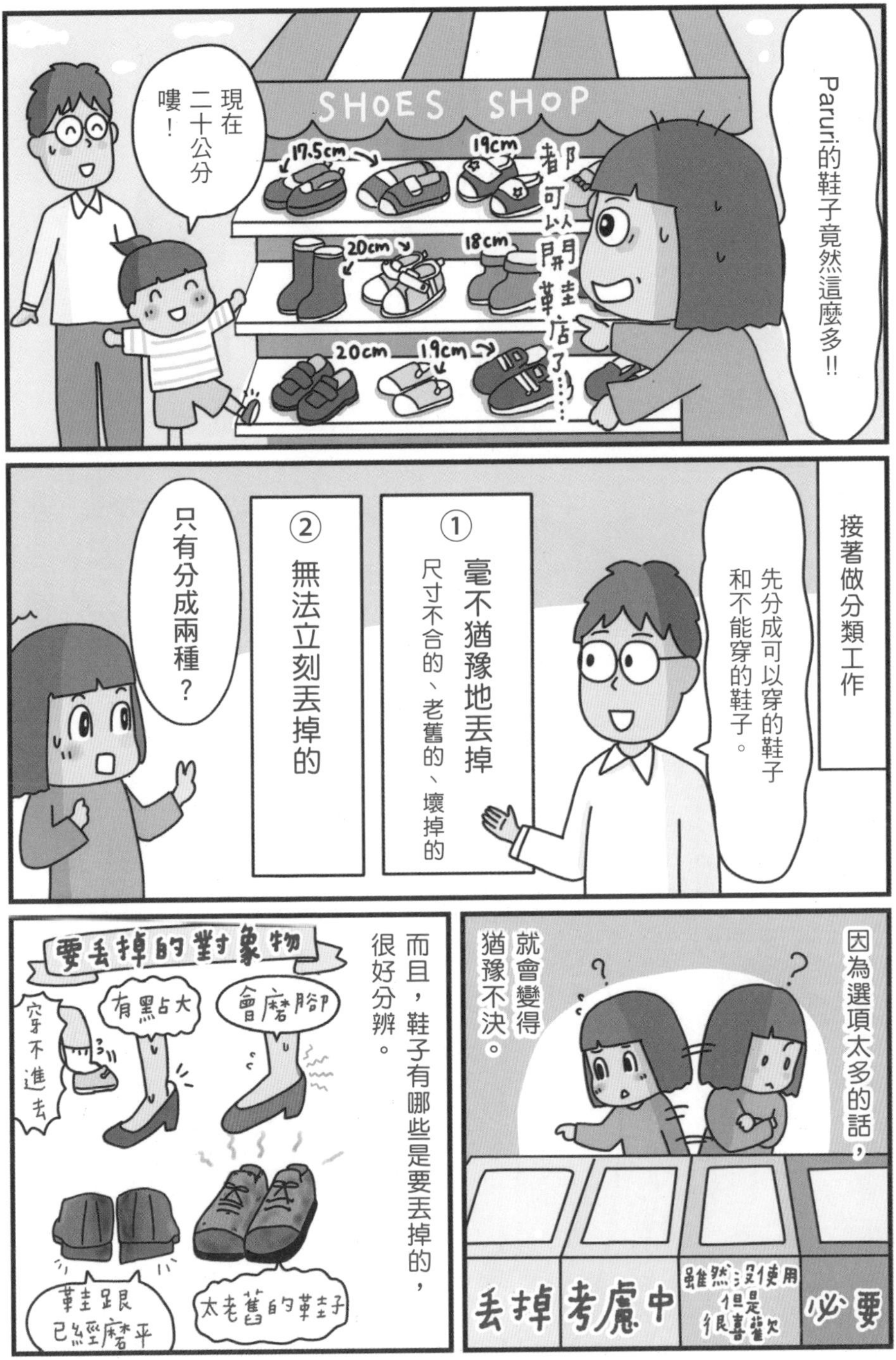
Paruri的鞋子竟然這麼多!!
SHOES SHOP
17.5cm
19cm
20cm
18cm
20cm
19cm
都可以開鞋店了……
現在二十公分嘍!
接著做分類工作
先分成可以穿的鞋子和不能穿的鞋子。
① 毫不猶豫地丟掉
尺寸不合的、老舊的、壞掉的
② 無法立刻丟掉的
只有分成兩種?
因為選項太多的話,
就會變得猶豫不決。
丟掉
考慮中
雖然沒使用但是很喜歡
必要
而且,鞋子有哪些是要丟掉的,很好分辨。
要丟掉的對象物
穿不進去
有點大
會磨腳
鞋跟已經磨平
太老舊的鞋子

※註：聖經中，掃羅的眼睛掉下兩片魚鱗般的鱗片後，他的雙眼就重見光明了，因此日文會用眼睛掉出鱗片來形容大夢初醒。

確實……
把空間用來放置
沒有用的東西，
才是最浪費的事！
這個不等式一語驚醒了我！
房子的價格
沒用的東西
反正平常會穿的鞋子
只有五雙！
丟丟丟
怎麼能讓房子裡的重要空間，
被你們占據！
45ℓ
但是……！
啊!!
這、這是……
剛出社會，進入公司時，
在義大利培訓期間買的
高級名牌鞋！
哇啊—
這、
這雙鞋要丟丟……
唯一的
名牌鞋……
這麼拿不定主意的話，不如就留下吧？
把高價位的
東西丟掉，
我實在
做不到……
呼
呼

有機會多穿就好啦。
既然買了高級名牌鞋，不穿也可惜。
其、其實……
因為鞋子寬度很窄，一穿腳背的肉就會鼓起來。
擠
擠
緊到好像灰姑娘的姊姊在穿玻璃鞋！
而且已經是二十年前的款式了……
那裝飾起來呢？
比方說，放在玻璃展示箱裡……
不用不用，裝飾這種東西要幹麼？
仔細想想，其實根本是被徹底遺忘的無用之物……
那，如果是你的話會怎麼做？
可能因為我是個工程師，所以重視的是功能……
功能
舒適度
CP值
就是讓我們外出可以穿在腳上，如果不能穿的話，我就會覺得沒有價值吧……
毫無價值!!
哇呀—
戳中

經過了這樣的對話，發現自己執著的點是——
①太浪費。
②當時花了很多錢。
不過就是如此而已……
不使用才是最浪費的。
對啊……擁有一雙根本不穿的鞋子，才是最浪費的！
立刻丟掉!!
這雙鞋不適合我!!
像這樣大聲宣誓，
心一橫地丟掉後，
咚
垃圾
原本鞋子散落滿地的玄關，
變得乾淨整齊!!
鞋櫃裡也變得十分清爽!!
短短三十分鐘就煥然一新!!

Paruri也開始會把自己的鞋子歸位了。
鞋櫃裡有地方放，好開心！
這也是理所當然……之前亂放，單純只因為沒有地方可以歸位……
是齁—
我們所做的，
只不過是丟東西而已。
真的吔！不過如此而已……
45ℓ
45ℓ
45ℓ
根本不需要收納家具或收納箱，對吧？
所言甚是……
哈哈哈
丟掉東西後，煩躁感也一掃而空！
掰掰—
煩躁感
回想起那雙高級鞋時……
模模糊糊……
也不會感到有多捨不得……

經過一天後，連昨天丟了哪些鞋子，都想不起來了……
朦朧
朦朧
朦朧
呃……
連丟了幾雙都忘了……
看到多出來的空位時，才會確切感受到被丟掉的鞋子，有多麼多……
這種被物品占滿的空間，究竟是怎麼回事……
住家明明是讓我們生活的場所……
結果這麼重要的場所，卻可能被大量不需要的物品肆無忌憚地占據……
哇哈哈……
收拾過書櫃和鞋櫃後，發現不過都是東西太多！
充滿幹勁！
第一件事是減少物品！
我們再一個一個慢慢思考，哪些東西需要、哪些東西不需要吧。
Yes, sir!
我忽然充滿了幹勁！但接下來仍然是一道又一道的關卡等著我……

用鞋櫃裡的鞋子擺攤
應有盡有。
多到可以擺攤。
多到庫存一大堆
鞋櫃裡不穿的鞋子!!
長大穿不下的鞋子。
各種尺寸
還有破爛的鞋子

經常穿的鞋子才留下

第3話

先幫物品標明「住處」

Rikei Otto no Mirumiru Katazuku! Seiri Shunou Jutsu

我現在因為收拾了書櫃、鞋櫃，
心情也變得十分舒暢……
真好，
這麼清爽的空間……
喀嚓喀嚓
咿呀
哇!!
歡迎回家——
嚇我一跳……
妳、妳為什麼
要坐在這裡?!
為什麼啊……
因為
一進到裡面，
就會心浮氣躁~
什麼事都
做不了。
亂七八糟

連工作都靜不下心來做！
妳不是向來如此嗎……？
空曠的走廊！
所以我就搬到這裡來工作了~
原、原來如此，要在這樣的地方才能專注啊？
沒錯沒錯。
為什麼這樣的地方妳就能專注呢？
嗯……這個嘛……
在這裡必須直接坐在地板上，又沒有桌子，怎麼都稱不上是一個工作的好環境……
啦啦啦
但就覺得心情很放鬆……
只要待在這樣的地方，就不會感到浮躁。
舒暢……

在外面工作會比較靜得下心來嗎？
在優雅的咖啡廳裡，不知為何就能專注吔！那裡既有插座，又有音樂，可以一邊喝著好喝的咖啡一邊……
家裡也有插座，也可以喝好喝的咖啡。待在家裡，還不必拎著筆電和資料出門。
唔！
話是這麼說沒錯！但在家裡就會昏昏欲睡，而且會被其他東西分心，而變得心浮氣躁……
睡魔
明明不用現在做卻忍不住要確認手機訊息
……等一等?!
啊！
兩邊的條件不都一樣嗎？在家裡就不能工作？這是怎麼回事？在外面才能工作，只是因為心情的關係嗎？
點頭
點頭
@家裡
@咖啡廳

如果不在家裡，
比較能夠好好工作的話，
那妳以前在公司上班時，
是不是效率非常好？
咦？！
你這麼一提……
在公司上班的時候，
我工作起來很有效率嗎……？
公司的辦公桌……
心浮
CANDY
亂糟糟
氣躁
咖啡廳……
清爽
客廳……
心浮
亂糟糟
氣躁
玄關（收拾後）
清爽

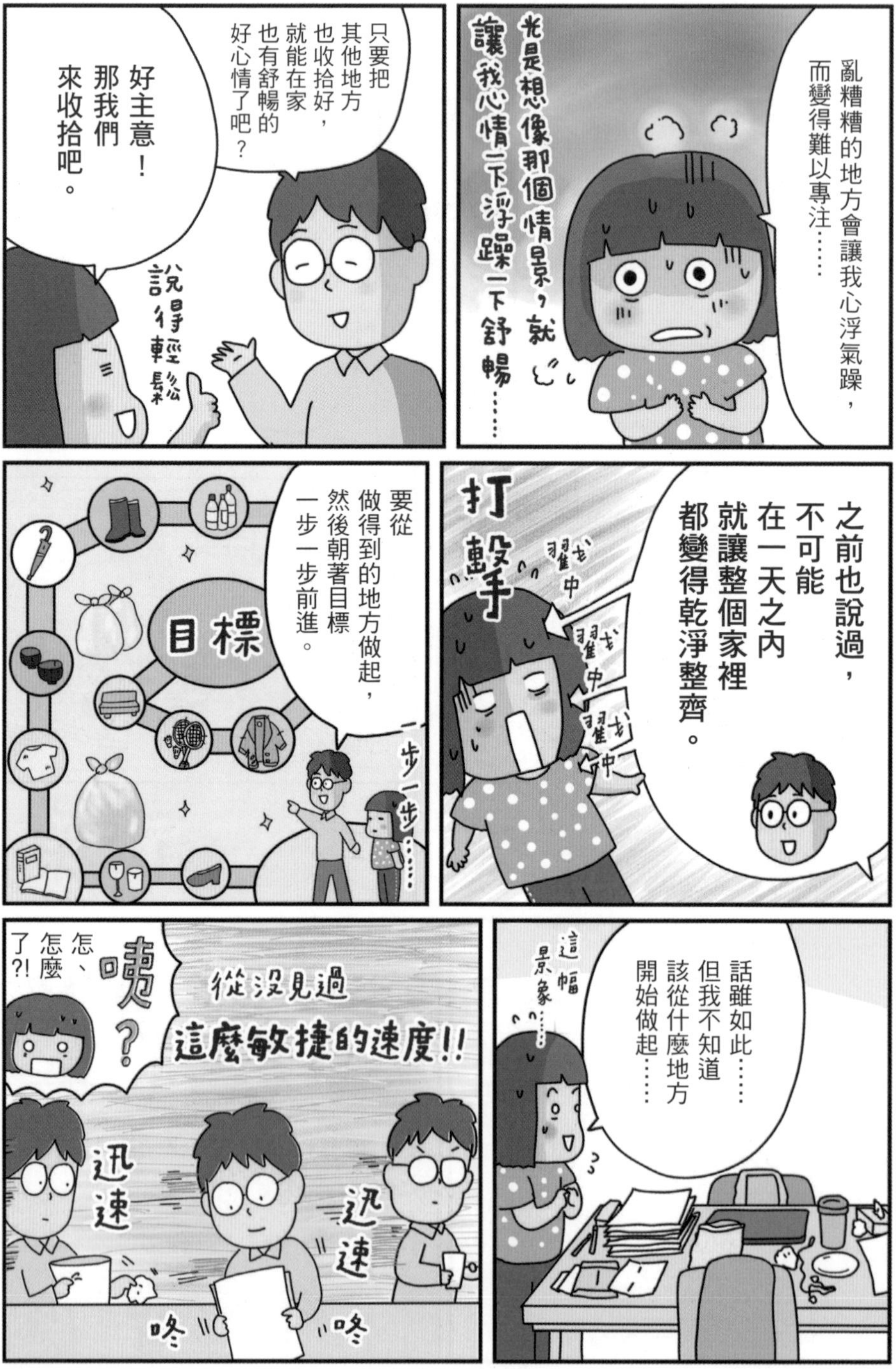
亂糟糟的地方會讓我心浮氣躁，而變得難以專注……
光是想像那個情景，就讓我心情一下浮躁一下舒暢……
只要把其他地方也收拾好，就能在家也有舒暢的好心情了吧？
好主意！那我們來收拾吧。
說得輕鬆
之前也說過，不可能在一天之內就讓整個家裡都變得乾淨整齊。
打擊
戳中
戳中
戳中
要從做得到的地方做起，然後朝著目標一步一步前進。
目標
一步一步……
話雖如此……但我不知道該從什麼地方開始做起……
這幅景象……
咦？
怎、怎麼了?!
從沒見過這麼敏捷的速度!!
迅速
迅速
迅速
咚
咚

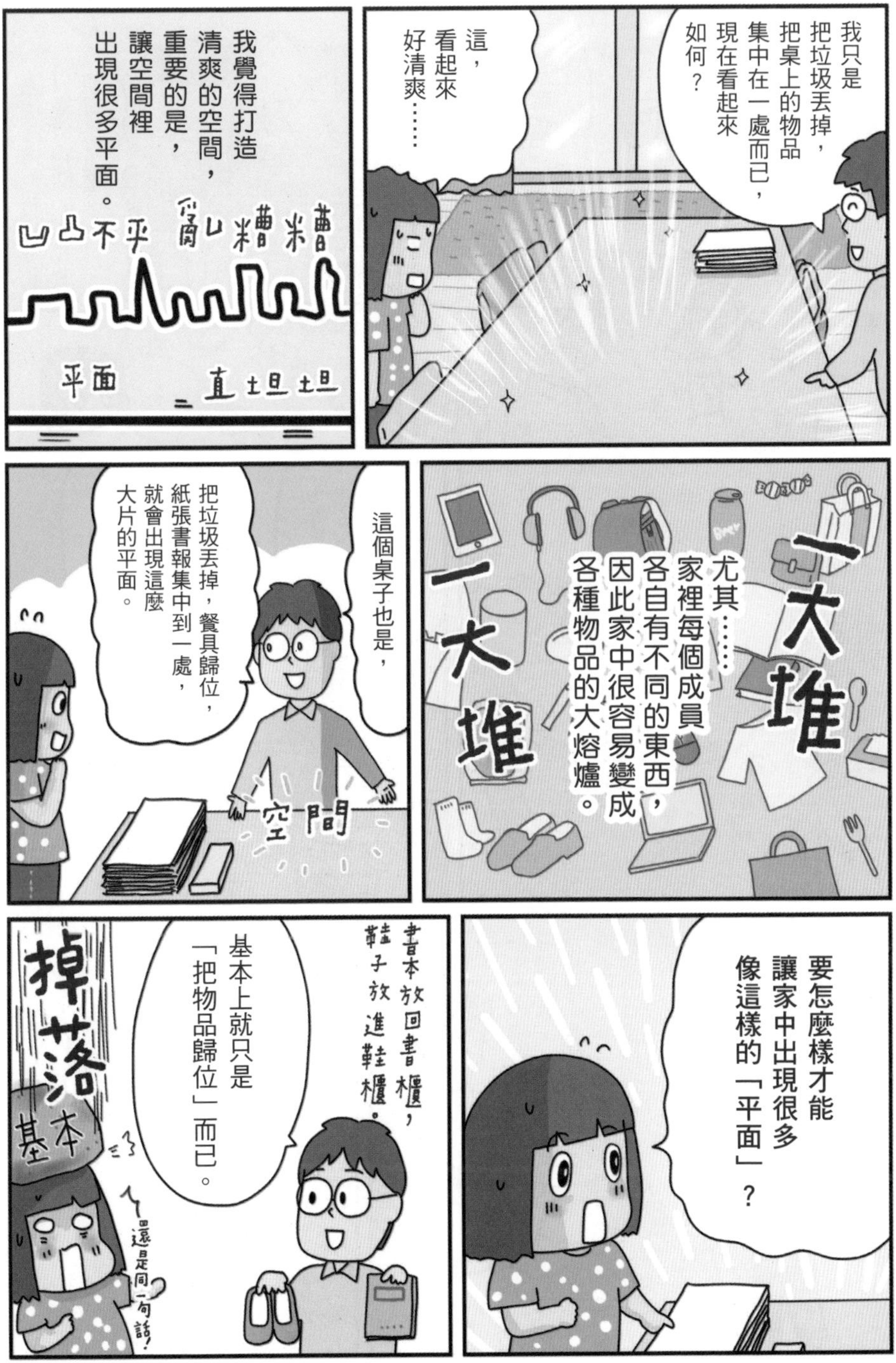
我只是把垃圾丟掉，把桌上的物品集中在一處而已，現在看起來如何？
這，看起來好清爽……
我覺得打造清爽的空間，重要的是，讓空間裡出現很多平面。
凹凸不平　亂糟糟
平面
＝直坦坦
尤其……家裡每個成員各自有不同的東西，因此家中很容易變成各種物品的大熔爐。
一大堆
一大堆
這個桌子也是，
把垃圾丟掉，餐具歸位，紙張書報集中到一處，就會出現這麼大片的平面。
空間
要怎麼樣才能讓家中出現很多像這樣的「平面」？
基本上就只是「把物品歸位」而已。
書本放回書櫃，鞋子放進鞋櫃。
掉落
基本
還是同一句話!

這塊區域也超級凌亂的，只要用相同的方式收拾就可以了嗎？
是啊！我們來把有「住處」的物品歸位吧。
回家吧—
書本回書櫃
餐具回餐具櫃
我們回來了。
嗯……外套有地方可以歸位……
Paruri脫下來亂放的上衣，放進洗衣籃……
迅速
等一下
一樣一樣辨認、歸位的話，會太花時間，先全部集中起來吧！
別心急……
真的!!
呵呵呵……
沒想到這麼多……
很好，做得好！
堆積如山
那我們先把東西分成兩類！一類是「有住處的東西」，另一類是「沒有住處的東西」。
好！來吧！
充滿幹勁

哦！感覺不錯！我該不會是分類達人吧？
有住處
沒有住處
很順利嘛！那我們就來幫有住處的東西歸位吧！
沒問題！我馬上就能收拾好！
衣服該放回哪裡，顯而易見！
啦啦啦
It's easy!
啊！
掛外套的衣架，因為重量超載，中間的橫桿都彎了。
關不起來的抽屜櫃
擁擠不堪
沒有地方可以歸位！！
乾淨整齊的居家環境，根本就是天方夜譚……就此訣別……
今天就是最終回……
還有後續啦！！
衣服已經客滿了，是吧？
那就先放在收納箱裡，之後再整理！
從做得到的開始做，一點一點慢慢來！
反正我們有很多收納箱啊！！
衣服暫時避難
沮喪……
沒救了……
搖搖晃晃了

知道該歸位到哪裡的物品，
都一一歸位了……
玩具筒
帽子、包包歸位到衣帽架
筆
筆筒
書本歸位到書櫃
Book
衣服以外的收納場所，
也都幾乎要客滿了……
擁擠
擁擠
擁擠
能在少少的空間中
塞進這麼多衣服，
我真厲害！
擁擠
擁擠
過去的我
我以前是這麼想的……但這不就……
跟超市裡
「蔬菜裝到滿」
的特價活動一樣，
根本不算是
收納了?!
哇—
哇—
這樣心情
當然不會
舒暢啊。
別擔心!!
現在
能做的事
一件一件
慢慢來！
大腦即將超載、
自言自語
……
不妙
等等
啊。
現在只要面對
眼前的問題就好了。
說得也是……
我以前
每次都會在
這時候放棄。

重新振作起來，現在要面對的是「沒有住處的物品」。
嗯……
紙張還真多……該怎麼處理……
先分出絕對沒有用的東西吧！
儘管丟進垃圾袋裡。
交給我！
45ℓ
沒有用的東西
廣告單、廣告郵件
以前想說可能會用到的緩衝包材
拆封後的信封
零食的空袋子空盒子
SALE 50% OFF
45ℓ
沒想到這麼多！
氣泡布
餅乾盒
巧克力
我要拿來做勞作，幫我留著喔！
她幾個月前這樣說過，現在已經全忘光了吧……
啪
啪啪
無住處物品的特徵
小孩的考卷……
學校發的單子……
學校的通知
數學
工作上的資料和請款單等……
都是一些重要的東西啊……！
總之，放在這裡疊成一疊……
明明想說，因為有很多重要的東西，所以一定要好好保管……結果卻什麼都沒做……

對我來說，整理文件就只是把文件放進透明資料夾裡……
多出新文件時，就不知道該怎麼分類了……
慌慌張張
透明資料夾不斷增加……根本搞不清楚哪個是哪個……
整理文件很困難的。我們之後再一起思考該怎麼做吧。
搖搖晃晃～
頭昏眼花了……
咚
咚
整理前可以先思考設計圖。
文件
之後整理！
我在準備整理收納顧問的考試時，
啊……這好像跟設計的工作很類似？
曾經這樣想過。
製作商品時，
我們想以這個價格，推出這種功能的商品。
會開這種企劃會議……
嗯
嗯
嗯
企劃
想要製作的商品就像是這樣。
盡量讓商品的設計，控制在設定好的費用以內，且能滿足條件，
同時減少不必要的零件，讓商品能有效率地組裝，又便於修理……
像這樣思考設計出滿足企劃方要求的商品。

收拾房子也是如此。
我想要讓生活空間變舒適。
一言以蔽之，這就是收拾房子的「企劃」。
該怎麼做才能實現這個企劃……
把沒有用的東西丟掉，以便於收拾，
設計便於收拾的機制，像是幫物品設定住處等等。
回家嘍—♪
45ℓ
因為房子的大小不會改變，
所以必須割捨多餘物品，才能擁有舒適的生活。一定要把這一點放在心上。
真的是這樣……
收拾的目的是什麼，怎麼計畫出可以達成目的的實際方法……
I have NO PLAN
具體而言又該做些什麼，這些我連想都沒想過……
如果收拾也需要計畫，
那我過去就像是不看地圖，在一片陌生的土地上瞎走嘍？
MAP
我要來思考，怎麼樣的空間對我們家來說才是最棒的！
減少沒有用的東西，增加不會心浮氣躁的空間！
設定物品歸位的場所，讓收拾變得更輕鬆！
好！我要加油!!
嗯、嗯……
我的想法似乎就在這瞬間變得跟過去有所不同了。

「拾腦」建議 1

為何我取得了整理收納顧問證照？

收拾是無法靠家電解決的

一部分是因為小時候，我的父母都有工作，因此我一直覺得，家裡的事都交給母親，是十分缺乏效率的做法。結婚後，我也覺得男性分擔家事，理所當然。只要有人生活，就一定會產生家事，因此，我也贊成使用便利的家電或金錢代替我們做家事，以節省時間。無論是在工作上或在家中，我都十分重視CP值，所以我們家會用洗碗機來節省洗碗的時間，我們也比其他家庭更早換成洗脫烘滾筒洗衣機。

然而，收拾整理是無法靠家電或金錢解決的。只因為某天可能會使用到，就把

理科先生的「收

東西保留下來，當這樣的東西不斷增加時，房子就會變成倉庫。這麼一來，家中就會被無用的物品占據，讓人開始感到生活環境不舒適，心情也不舒暢。再者，看到家人每天都在家中找東西的模樣，我也覺得浪費了好多寶貴的時間。

我想學習一套有系統的整理方法

於是，我開始尋找有沒有什麼有效率的收拾整理的方法。就在此時，我發現了「整理收納顧問」的認證課程，我便立刻申請了。

當我開始學習後，又變得更有興趣，最後甚至取得了一級的證照，取得了收拾整理上的專家頭銜。我認真地把考古題APP裡的題目都做遍了，於是通過了第一階段的考試。第二階段的考試，需要進行一場收拾的簡報，我為了蒐集題材，對老家也進行了收拾整理，最後迷上了收拾的樂趣。

取得證照後，我正式開始對家中收拾整理，於是找回了過去浪費的空間，擺脫了煩躁的心情，讓待在家中變成一件心曠神怡的事。

這個人想要成為整理收納顧問……！
他的目的是什麼……？

整理收納顧問課程的學員幾乎都是女性，因此男性在裡面十分顯眼。

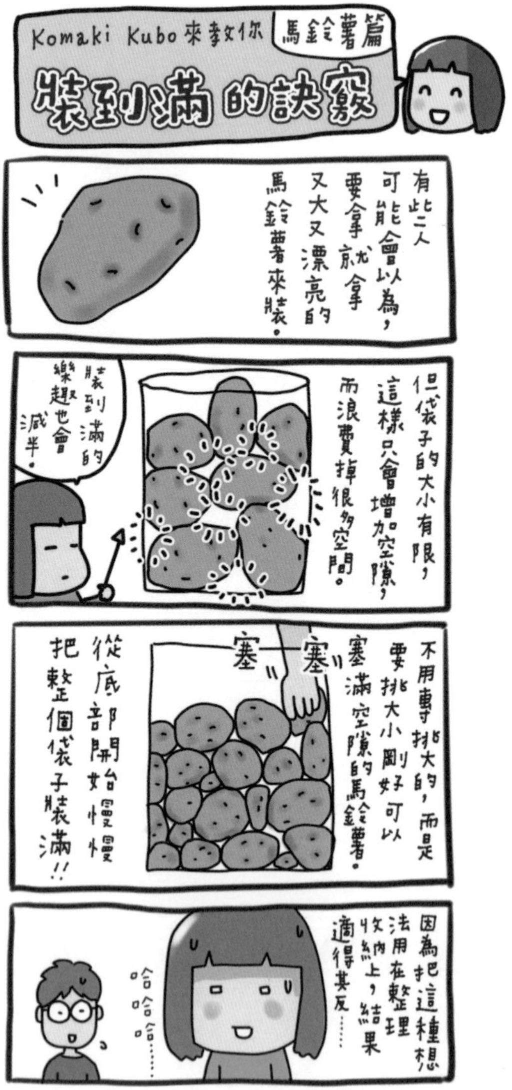
Komaki Kubo來教你
馬鈴薯篇
裝到滿的訣竅
有些人可能會以為，要拿就拿又大又漂亮的馬鈴薯來裝。
但袋子的大小有限，這樣只會增加空隙，而浪費掉很多空間。
裝到滿的樂趣也會減半。
不用專挑大的，而是要挑大小剛好可以塞滿空隙的馬鈴薯。
塞
塞
從底部開始慢慢把整個袋子裝滿!!
因為把這種想法用在整理收納上，結果適得其反……
哈哈哈……

我也想來試試看裝到滿

第4話

禁止在桌上「暫放一下」!

Rikei Otto no
Mirumiru Katazuku!
Seiri Shunou Jutsu

之所以每次收拾家裡都以失敗告終，是因為我老想著立刻看到成果。
而且
我以前都想說要在一天內完成……
懺悔中……！
更嚴重的是，
等一下再一起收拾……
喀喀喀
喀喀喀
喃~
POTATO
我「等下再做」的個性！
熊熊燃燒
但這次不一樣了！我們按部就班地改善……！
不擅長丟東西的我，竟然也已經丟了好幾大包的垃圾……
45ℓ
好吔～
我果然是肯動手就做得到～！！
將課題一個一個解決後，整齊的空間也增加了！
鞋櫃
客廳
書櫃

或許就只是不要想太多，先動起來再說。
不久前，像是清除已經不用的東西，把物品歸位等等，不是也遇到了很多課題？
丟掉？
還是留下……
書櫃
有住處
衣櫃
文件
沒有住處
45ℓ
因為有了方向，所以不會像以前一樣大腦超載……可是……
冒煙～～……
我們收拾了一些局部的細節，但整體來看，感覺還是很凌亂……
走進客廳時
前進……
就升起一股難以言喻的煩躁感……
亂糟糟
哇——

之前，雖然老公迅速地收拾好了，
垃圾丟掉
扔
兩下
三下
文件放在一起
咚咚
轉眼間，又變得比以前更凌亂……
Why？
為何？
為什麼？
我明明不想這樣，
為什麼馬上又恢復原狀了？
畢竟……我們家最亂的地方就是客廳啊，這也是意料之中的事。
最、最亂？你說客廳最亂的根據是什麼？
3
2
1
我們全家不是有三個人嗎？

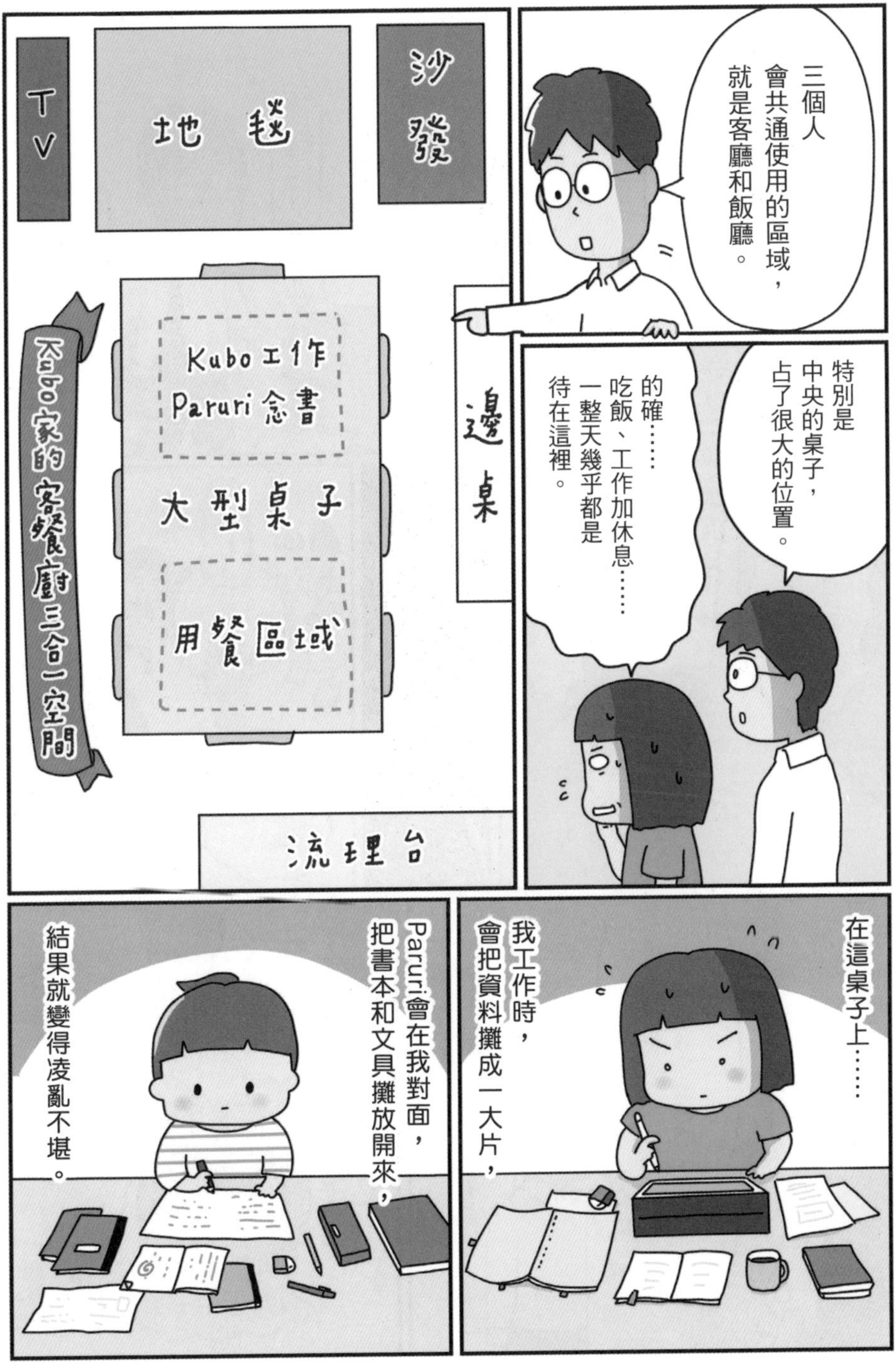
三個人會共通使用的區域，就是客廳和飯廳。
TV
地毯
沙發
Kubo家的客餐廚三合一空間
Kubo工作
Paruri念書
大型桌子
用餐區域
邊桌
流理台
特別是中央的桌子，占了很大的位置。
的確……吃飯、工作加休息……一整天幾乎都是待在這裡。
在這桌子上……
我工作時，會把資料攤成一大片，
Paruri會在我對面，把書本和文具攤放開來，
結果就變得凌亂不堪。

三人各自會把自己的東西帶來這裡。
我回來了—
包包
信件
採購品
零食
超市
筆電
專注工作!!
書
資料
撲克牌
遊戲機
媽媽—
無論再怎麼收拾……
呼呼
收拾好了!
變凌亂
依舊是無限迴圈。
啪
啊!
THE END
收拾家裡的願望是一條死路？
這部漫畫不得已要在今天完結了……
感謝各位長久以來的支持。
沒那麼快啦！
淚水
別擔心！之前不也都收拾成功了？
這次我們也一起思考該怎麼做吧！
怎、怎麼做比較好？
已經進了死胡同了……

①把物品歸位到設定好的地方。
養成把物品歸位的習慣吧。
就是把有住處的東西歸位，對吧？
（老公）我有時候也會有這種毛病……
像是把外套暫時掛在椅背上。
有很多東西我們都會隨手放置。
信件……
文具等小東西……
書本……
客廳的空間裡有多少是我們暫放一下的東西？
呃……這個……
一大堆一大堆
多、多到數不清……！

喀嚓
移動
喀嚓
咦！怎麼這麼突然?!
為、為什麼要拍照？
收拾的時候，只有看到眼前的話，會不知所措。
俯視!!
所以可以先拍照，以此確認整體狀態。
視線高度!!
拍一張俯視的照片，和一張視線高度的照片，能讓現狀變得一目了然。
我們通常很難看到自己的問題點，但是站在客觀的角度，就很容易看出來，不是嗎？
客觀角度……！

現在來考妳一題。
我們要暫放一下時，會把東西放在什麼樣的地方？
嘖……
應該是桌上吧……
邊桌
沒錯，也就是說……
物品容易被放置在
差不多是腰部到胸部以下高度的地方。
所以我們就要留心這件事！
②不要將東西擺在這個高度的地方。
的確！
容易暫放一下的地方，就會不停被亂放東西……
等等再收拾。

看剛剛拍的照片，會發現有很多東西都是可以馬上歸位的。
確實……只要換個角度，就能察覺很多事。
能歸位的物品……
餐具……
衣服……
不用思考就能歸位。
迅速
快步
也會有新發現——
也有很多可以立刻丟掉的東西，可以邊拿著垃圾袋邊收拾。
像是信封、零食的包裝……
45ℓ
至於，暫放一下的東西……
在桌上被放置成繞桌子一圈的形狀……
這樣看起來，我們好像是只要有點空隙，就會忍不住放東西。
真棒的觀察!!
這個根本就不用暫放一下，直接丟掉就可以了。
啊！
也許這些發現，就是讓家裡不再凌亂的訣竅……？

像這種方針，
就應該讓全家人
都知道。
不然的話……
再怎麼收拾……
其他人還是會亂放，
結果還是陷入
無限迴圈。
我回來了！
漫畫
咚咚咚
我們從這時候
才開始讓Paruri加入，
但告訴她
規則後，
沒想到她竟然
做得很好。
三下兩下
畢竟是團體生活，
哦!!
在收拾上，
沒有建立起團隊默契的話，
一轉眼家裡又會變凌亂不堪！
而且……收拾到某個程度時，
還是會因為「它」
而遇到瓶頸！
那就是……
文件！
學校的通知
小孩上課的講義
工作的文件
學年通知
告知

之前老公幫我迅速整理一遍時，把文件暫時都放在一個檔案箱裡。
暫放文件
妳猜，文件為什麼會很難整理？
為什麼
我早就想知道原因了。
雖然我思考過，要怎麼整理才能更有效率……
舉手
但以前公司裡的主管，
不會整理文件，就代表妳不會工作！
心浮氣躁
妳的桌子也太亂了吧!!
老是這樣責備我……
那時候我就想過，要根據用途分類啦，要根據效率分類等等……
透明資料夾
結果卻分得太細，反而搞不清楚哪個是哪個。
結果陷入文件愈是整理愈是亂成一團的矛盾現象中……
重重一堆
這時候……
不妨思考看看「收拾」的目的。
不要只是分類而已，還要讓文件在需要用到時，立刻就知道放在哪裡。
的確!!

我想，
全家一人一個檔案箱，
以後只要有文件，
就放進這裡。
這麼一來，
收拾的時候，
不需要用大腦……
Paruri
Komaki
爸爸
找文件時，
絕對就在這裡面！
……也會有一定找得到的踏實感，
更重要的是能縮短尋找的時間。
但還是得另外想辦法，
讓文件不會多到滿出來，
而且還有其他更省時的訣竅，
所以今天就暫時放進保管箱裡吧。
咚
咚
暫時保管的檔案箱，
放在邊桌下面……
長期以來，只有把工作會用到的道具
集中在桌子的角落，我就當成
就是「收拾」好了……
經常使用的東西
要依照用途分類……
這麼說來，
我是不是也該來
設置工作箱？

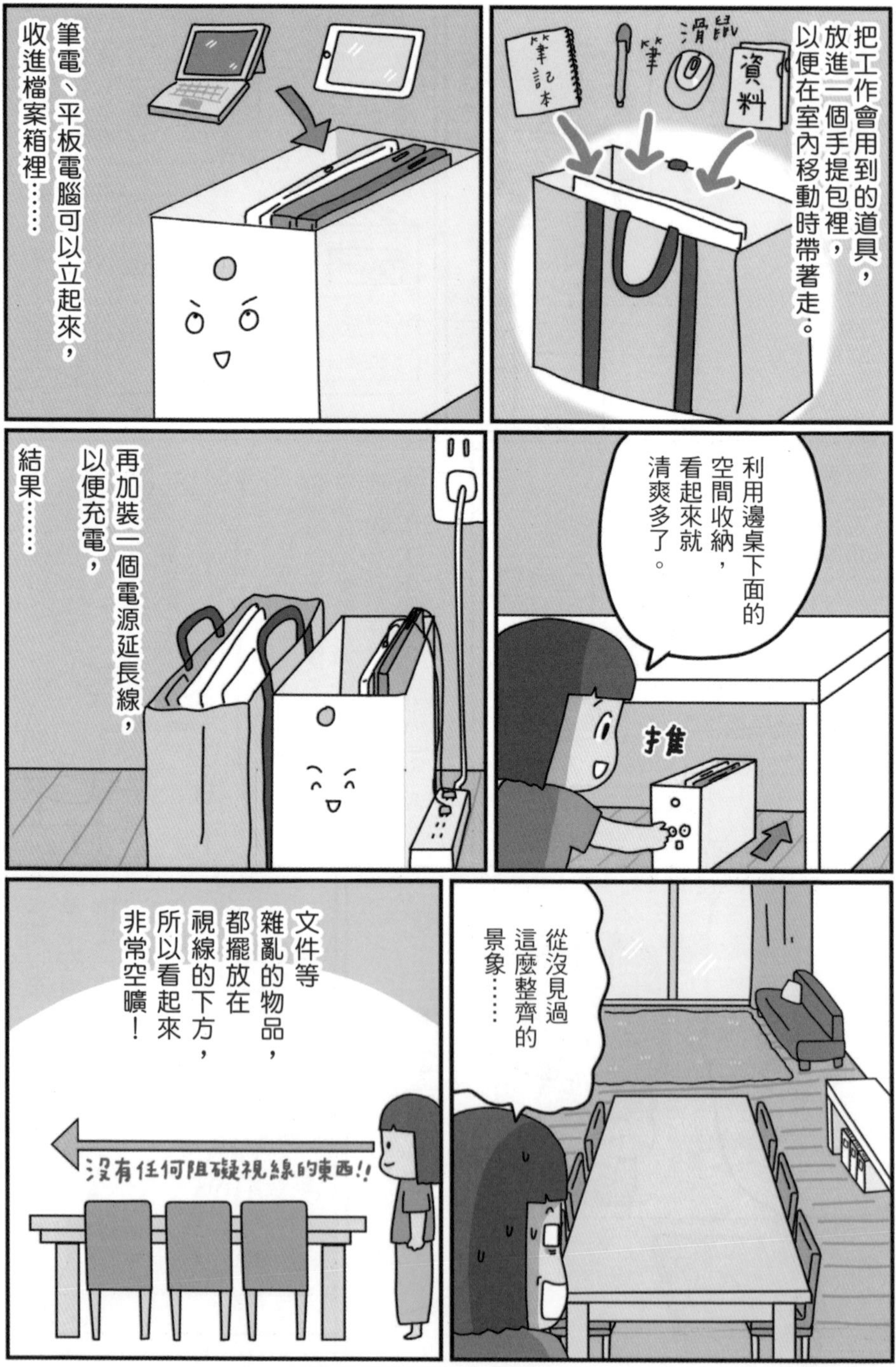
把工作會用到的道具，放進一個手提包裡，以便在室內移動時帶著走。
筆記本
筆
滑鼠
資料
筆電、平板電腦可以立起來，收進檔案箱裡……
利用邊桌下面的空間收納，看起來就清爽多了。
推
再加裝一個電源延長線，以便充電，
結果……
從沒見過這麼整齊的景象……
文件等雜亂的物品，都擺放在視線的下方，所以看起來非常空曠！
沒有任何阻礙視線的東西!!

只不過是增加了家中的平面……
就讓狹窄的空間看起來如此寬敞……！
喂～
文件的整理頗成功的！
嗯！感覺變得好清爽，有種整理上癮的感覺！
努力維持這個狀態吧！
嗯呃、……
有點焦慮……
心跳漏一拍
吃完零食後要收拾！
唉呀呀……！差點就要暫時放一下！
這個高度實在太順手了。
只要對這種小地方加以留意……
很好！
有維持住乾淨整齊的狀態！
建議可以定時拍照確認！

飯後的杯盤狼藉……

Komaki 家的凌亂回憶錄

即使收拾了，還是馬上恢復原狀……

第5話

改為能立刻取出餐具的擺放法！

Rikei Otto no
Mirumiru Katazuku!
Seiri Shunou Jutsu

過去我一直認為，雖然自己不擅長收拾，卻很會收納。
真的假的?!
嘿嘿……
不管東西再怎麼多，
包在我身上～
我都有信心能收納好。
看吧—
全部都放進去了！
有一天，老公對我說：
我們來整理餐具櫃吧。
餐具櫃明明就收納得好好的，老公卻說要整理。
咦?!
這個餐具櫃哪裡有問題?!
於是我極力反對。
餐具櫃裡面收納得整整齊齊的。
根本就沒有需要整理的地方！
這裡面我們有在使用的餐具，只占少數吧？
嗯？
這麼一說……

的確，在使用的……只有這一層的……
最前排的一小部分……
這一帶
刀叉湯匙等
·鐵鍋
·卡式瓦斯爐
每次都使用相同的餐具……
湯碗
飯碗
碟子
方盤子
圓盤子
義大利麵盤
醬料碟
餐具櫃這麼大，實際上使用到的餐具卻很少。
但都整理得好好的，有什麼關係！
乍看之下很整齊……但裡面是什麼餐具，根本看不到。
這樣不就跟組合得毫無縫隙的立體俄羅斯方塊一樣了嗎？
不是收納
是俄羅斯方塊

我很愛玩俄羅斯方塊，甚至可以玩到全破。
三更半夜玩俄羅斯方塊。
以前的我
掌上遊戲機 Game Boy
我把收納也當成了這種益智遊戲，
這裡還有空位可以放！
像是在這縫隙間……
安插進別人送的伴手禮的醬油瓶和醋瓶。
咦……
醋
醬油
我以為把所有縫隙都填滿，是很了不起的事……
塞進一大堆餐具，結果使用到的只有最前排的一小部分……
截面圖
既然要整理，那就先全部拿出來看看吧？
你說啥？

可、可是我收拾得這麼整齊吔……
有這個必要嗎？
與其說是收拾……不如說是把縫隙填滿吧？
被說中
你說得沒錯！
如果是馬鈴薯裝到滿的超市優惠活動，只要裝進去的馬鈴薯超過袋子的容量，就可以被稱為達人。
名人
擠擠
擠擠
所以連對居住空間也擺脫不了這種習慣，以為使用到不留一絲空間就很了不起……
堆疊
堆疊
收拾不是這麼一回事吧……！
只要想想收拾的大目標就好了。
①能立刻知道必要的物品在哪裡。
②能立刻取出來。
的確……只能一樣一樣確實做好了……
先把餐具櫃裡的器皿全部拿出來。
我們居然有這種杯子?!

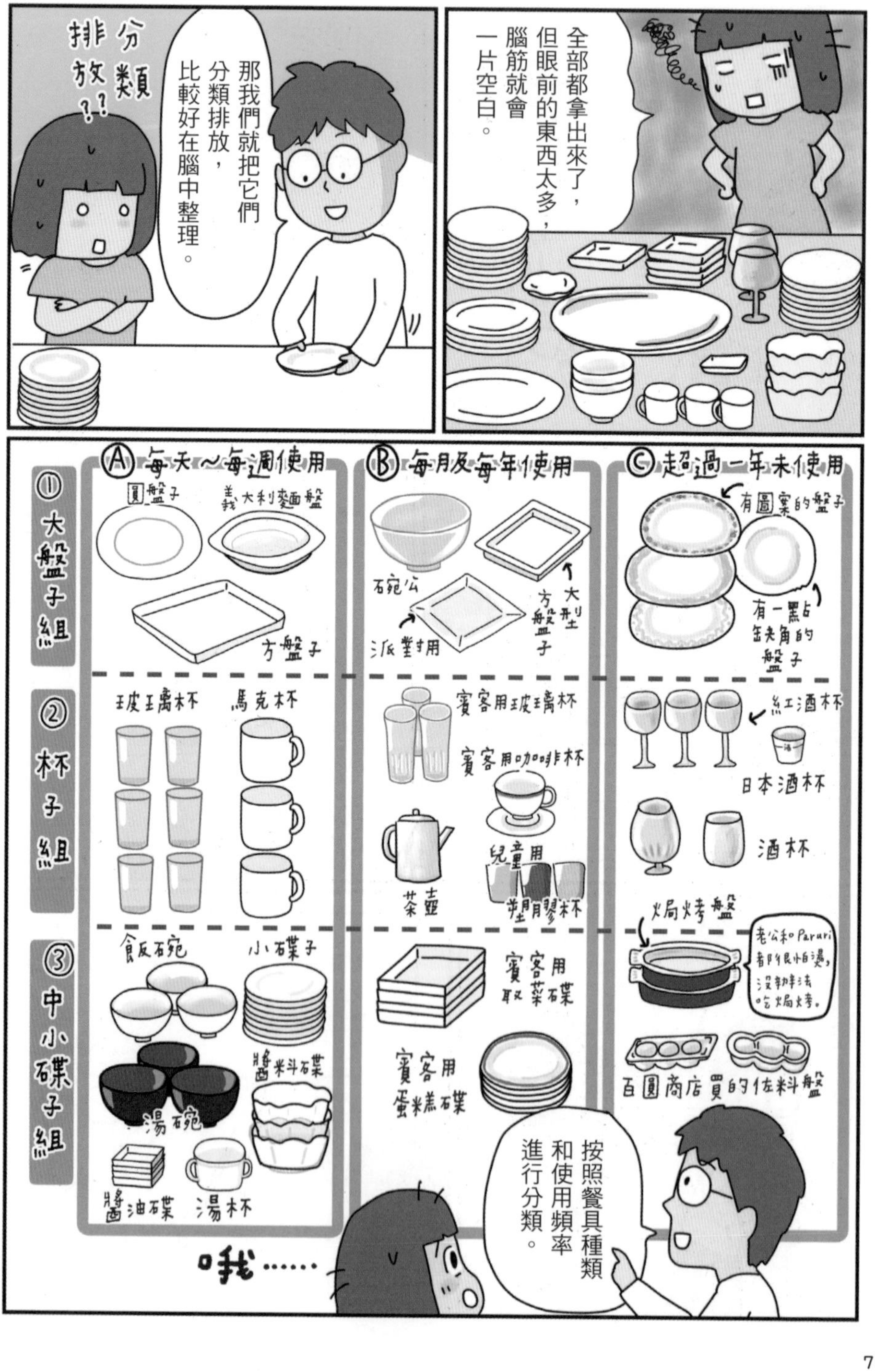
全部都拿出來了，但眼前的東西太多，腦筋就會一片空白。
那我們就把它們分類排放，比較好在腦中整理。
分類排放??
Ⓐ每天～每週使用
Ⓑ每月及每年使用
Ⓒ超過一年未使用
①大盤子組
②杯子組
③中小碟子組
圓盤子
義大利麵盤
方盤子
碗公
派對用
大型方盤子
有圖案的盤子
有一點缺角的盤子
玻璃杯
馬克杯
賓客用玻璃杯
賓客用咖啡杯
茶壺
兒童用塑膠杯
紅酒杯
日本酒杯
酒杯
飯碗
小碟子
醬料碟
湯碗
醬油碟
湯杯
賓客用取菜碟
賓客用蛋糕碟
焗烤盤
老公和Paruri都很怕燙，沒辦法吃焗烤。
百圓商店買的佐料盤
按照餐具種類和使用頻率進行分類。
哦……

超過一年未使用的器皿
我想，超過一年沒有使用，應該就是目前生活上用不到了。
丟掉
可能哪裡用得上?!
別人送的茶壺
造型太特別
百圓商店的佐料盤
有圖案的盤子
我不太喜歡這種
派不上用場
放零食的籃子
因為這樣想而一直留著。
危險！
稍微有缺損的器皿
不用猶豫直接丟了吧。
偶爾會使用的器皿
這些幾乎都是招待客人和辦活動時用的餐具。
茶壺
聖誕派對或慶生會等活動時使用的高級一點點的盤子
賓客用的取菜碟
日式多層餐盒
拉麵碗
碗公
高使用頻率的器皿
玻璃杯
方盤子
小碟子
這些都是熟面孔呢。
圓盤子
小碟子
飯碗
湯碗
義大利麵盤
幾乎都只有用到這些而已……

其實……
還有其他的……
嘿咻
咚
這是？
還有很多別人送的玻璃杯唷……
高級貨的葡萄酒杯、白蘭地酒杯等等
閃亮—
亮晶晶
亮晶晶
好刺眼!!
高級品牌
還有名牌的葡萄酒杯，那麼璀璨耀眼的光芒，跟我們家一點也不搭調……
高級感爆棚!!
我們夫妻倆都不會喝酒，所以晚上也不會小酌，家裡卻有這麼多杯子……
烏龍茶
雖然價格昂貴丟掉很浪費，但讓用不到的東西占據家裡的空間更浪費。
再說，我們也不必勉強自己喝酒……

我在收拾鞋櫃時，也為了該不該丟名牌鞋而猶豫不已……
名牌
高價
高級
身分配不上
太刺眼了!!
可是……
怎麼能讓不適合自己的東西占據家中的空間！
有了這樣的想法後，才下定決心丟掉……
丟不下手的話，也能拿到拍賣網上賣掉。
因為是沒有使用過的東西，所以也可以全部拿到二手店請他們收購。
二手店
有些二手店還有到府收購的服務。
玻璃杯
說「不需要」的話，會有一種罪惡感，但其實就只是不適合我們家而已……
明明知道用不上，卻硬要留在家裡，才真正對不起這些東西。
對不起！
幹嘛不用我們!!
明明不會喝酒!!
WINE
WINE
真是的！

決定要留下哪些餐具後，接著就要來做最重要的事了。
咦?!
最重要?!
既然把全部都拿出來了，
那就來換位置吧。
以前是只要有空隙就塞，對吧？
立體俄羅斯方塊！
擁擠
擁擠
我還以為收拾得很好……
歹勢……
把需要用的東西
迅速取出！
迅速！
……收納的時候，要以這件事為目的。
哇哈哈
包在我身上。
在容易觸及的區域，放入常用的餐具！
這一帶

就是要考慮使用頻率和生活動線。
偶爾使用的賓客用餐具
輕型的餐具
常用的餐具
有重量的餐具
位置設定得真不錯！一百分！
不錯喔!!
嘿嘿嘿
那餐具要怎麼擺放？
擺放……?!
既然已經知道位置了，那就一件一件放進去啊。
還有別的事情要顧慮的嗎？
既然都重新整理了，那擺放時也把這一點納入考慮吧。
按用途分類
櫃子裡再按照用途分類？
湯碗和飯碗經常會同時使用，所以不妨擺在相鄰處……
成對！

裝菜餚的平盤……
有深度的盤子……
取菜碟類……
碗公類……
把盤子立起來收納的置盤架
也可以把不同種類分別放在不同的容器裡。
那些可以之後再處理，現在先按照用途分類擺放吧。
因為要讓平常能輕鬆取出，所以最常用的，就放在前方……有高度的餐具，則放在後方。
截面圖
空間
前方較低矮
空間
空間
最後
哇……

餐具少了，就不再有擁擠的感覺了……
好像商店裡的陳列！
入迷……
餐具櫃裡的餐具少了，收拾餐具就不再是件苦差事。
快速
乾淨俐落
在我身上很罕見的狀態。
東西太多，動作就會變遲緩。
而東西少了，生活的可動範圍就會變大了……現在可以切身地感受到這種差別。
要找餐具很輕鬆，要將餐具歸位也很輕鬆……
我啊……是不是愈來愈有收拾達人的架勢了……
我進步了……
沉浸在喜悅中……
愉悅……
話說得還太早吧？
家裡還有各種人跡罕至的叢林，正在等著我們，但此時的我已將它們拋諸腦後……

以前曾通宵達旦玩俄羅斯方塊。

雖然過去電玩玩得那麼凶，
但年近50的我，視力是1.5。
熊熊燃燒……
Game Boy
不留一絲空隙地向上堆疊，能帶來無比的快感……!!
可是……
把收納當成在玩俄羅斯方塊，結果慘不忍睹。

能夠快速取出才是重點!

第6話

如何打造方便又乾淨的廚房？

Rikei Otto no
Mirumiru Katazuku!
Seiri Shunou Jutsu

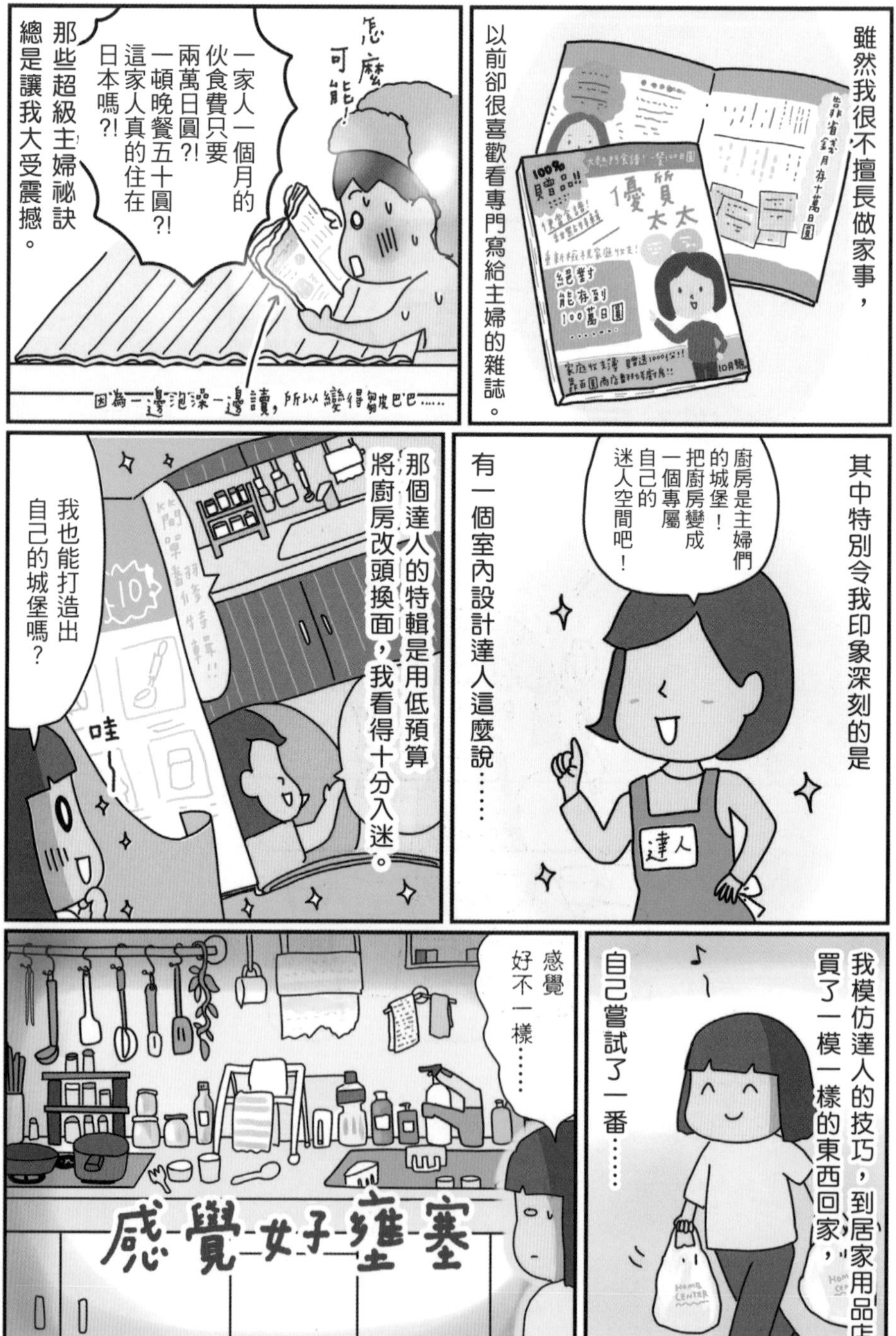

雖然我很不擅長做家事，
靠省錢月存十萬日圓
100%贈品!!
所謂優質太太
絕對能存到100萬日圓……
10月號
以前卻很喜歡看專門寫給主婦的雜誌。
怎麼可能！
一家人一個月的伙食費只要兩萬日圓?!
一頓晚餐五十圓?!
這家人真的住在日本嗎?!
那些超級主婦祕訣總是讓我大受震撼。
因為一邊泡澡一邊讀，所以變得皺巴巴……
其中特別令我印象深刻的是
廚房是主婦們的城堡！把廚房變成一個專屬自己的迷人空間吧！
有一個室內設計達人這麼說……
達人
那個達人的特輯是用低預算將廚房改頭換面，我看得十分入迷。
我也能打造出自己的城堡嗎？
哇～
我模仿達人的技巧，到居家用品店買了一模一樣的東西回家，
自己嘗試了一番……
HOME CENTER
感覺好不一樣……
感覺好壅塞

哪是什麼專屬自己的城堡……
做菜也麻煩，收拾也麻煩……！
噴
把廚房打造成城堡的計畫，沒多久就以失敗收場。
幾年過去了……
當家中的收拾工作展開後，我忽然想起這件往事。
那時還掀起過一股「我的城堡」熱潮呢……
那時候老公也是
其實不用非要以「城堡」為目標……
對我這樣說……
現在跟那時不一樣，老公已經取得整理收納顧問一級的證照了，
其實我想整理廚房……
所以我試著這樣問他。
PC型錄
當然好哇！
我們一起來整理吧！
鬆口氣
雖然每次好像都在問同樣的問題，
不過，廚房妳最想改善的是什麼地方？
嗯……

第一個是看起來亂糟糟的……
或許這正是我一進廚房就心浮氣躁的原因？
再來是處理食材的空間太狹窄……
所以我才不擅長做菜嗎？
我是覺得，狹窄也就只能狹窄了，但亂糟糟的感覺或許可以改善。
是這樣說沒錯……
我好像經常看到
啊，忘記把太白粉拿出來了！
煙霧瀰漫
放哪去了？？
妳在找東西的樣子。
無論是視覺上亂糟糟，還是沒辦法立刻找到東西，都是因為收納的物品超過了可以收納的容量吧。
比方說，
水槽下方的這個收納空間。
擁擠
擁擠

跟餐具櫃一樣，變成立體俄羅斯方塊了……！
緊密貼合
尤其是這裡！
滿滿
一大堆!!
因為想說只要把門關上就沒事了，
所以明明已經從籃子裡滿出來了，
還一直往上堆……
海苔
醬油、味醂、麻油……
好擠!!
好難受!
本味醂
雖然收進籃子裡，
卻被我塞到一點縫隙都不留……
我是不是對縫隙有什麼恐懼感啊……
這次還是像之前一樣，從減少東西開始做起吧。
收到!!

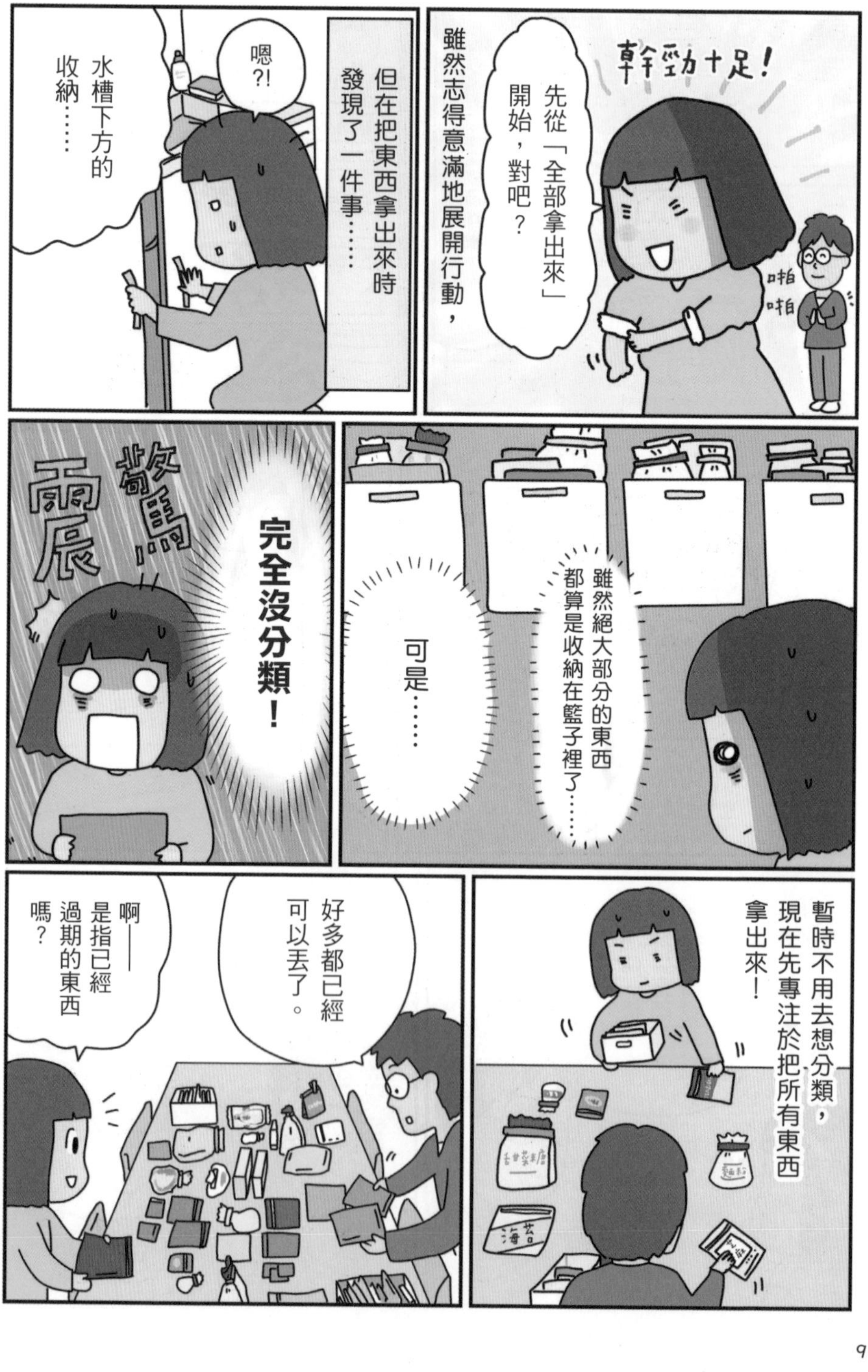
幹勁十足！
先從「全部拿出來」開始，對吧？
啪啪
雖然志得意滿地展開行動，
但在把東西拿出來時發現了一件事……
嗯？!
水槽下方的收納……
雖然絕大部分的東西都算是收納在籃子裡了……
可是……
完全沒分類！
暫時不用去想分類，現在先專注於把所有東西拿出來！
海苔
好多都已經可以丟了。
啊——是指已經過期的東西嗎？

還有很多用途不明的東西唷。
連當初為什麼買都忘記了……
孜然
月桂葉
芫荽籽
小荳蔻
還有好多類似炸雞粉的東西。
全部都只用了一次，就又買新的了……
龍田揚炸雞粉
Fried chicken
炸雞
超簡單!!
炸雞粉
在全部拿出來的過程中，還發現了很多留下一點點的粉類……
感覺也不衛生……
高筋麵粉
麵粉
太白粉
經常使用的砂糖和鹽巴，也是用封口夾夾著，隨手放在水槽下的收納空間裡，
拿出來不方便，使用上也不方便……
砂糖
鹽
先把過期的東西和剩下不多的東西丟掉吧。
已過期
幾乎快用光
咖哩塊
羊栖菜
青海苔
章魚燒粉
太白粉
剩下的量很尷尬
香雅飯
只剩一人份
香鬆
其他像是想不出用途的東西，也都心一橫，全丟了。
太浪費空間了。
以後買東西時，要先想清楚再買……
食材們，對不起了……
梔子
明膠
中筋麵粉
蕎麥粉
45ℓ

接下來，
按照用途分類。
整理的基本功！
大言不慚……
基本的調味料
法式高湯粉
鰹魚高湯粉
BLACK PEPPER
七味粉
砂糖
鹽
各種粉類
上新粉
豆渣
太白粉
鬆餅粉
麵粉
高筋麵粉
做麵包
乾物類
昆布
海苔
蕎麥
素麵
Pasta
有高度的瓶瓶罐罐
醬油
菜籽油
沙拉油
本味醂
麻油
料理酒
分類之後，再放回籃子裡，
但這次不是塞到不留空隙。
滿滿一籃
立起來排放。
排成一排!!!
整齊
過去我本來也想
這麼做的……

用完後，
就放回籃子的最前方。
這麼一來，就知道最常使用的是哪些食材，應該比較容易看出怎麼買才不會浪費。
原來如此～
乾燥麵類可以放進罐子或保鮮盒中。
乾物食品保鮮盒
・最適合用來保存怕潮濕的食品!!
・可站立收納!!
・方便取出!!
蕎麥
素麵
根據大小和用途，分別放進不同的籃子裡。
迅速
敏捷
目瞪口呆……
再放回水槽下方……
乾淨整齊
陶醉
有好多縫隙空著……！

瓦斯爐下方的調味料收納抽屜，一直空著沒有用。
在這裡放入……
好看一點的瓶子
Sugar
Salt
把砂糖、鹽巴裝進其他容器裡，做菜的時候，用起來應該也比較方便吧。
唔～
居然有這麼多沒在用的東西放在那個空間裡……
丟了兩大袋垃圾袋……
45ℓ
45ℓ
順便把看得到的地方也收拾一下吧。
嗯？
亂糟糟到一個極點，完全不知道該如何下手……
妳提到妳不喜歡處理食材的空間太小，對吧？那我們就來解決這個問題吧。
這裡

從視線高度拍一張照片看看。
好一
喀嚓
如何？
唔！
看得到的地方也放了太多東西……
抹布……好像不需要這麼多條。
重複的就不需要了。
經常進入視野的地方放了很多東西呢。
可是都是需要用到的東西啊……

我在意的是瓦斯爐的周圍……
用紅磚和板子製作成的架子
這是我學主婦雜誌裡的廚房翻修特輯布置而成的……
就是那個「我的城堡」……
這個區域容易因為油煙而變得黏答答的吧？
是、是啊……
黏答答
這個樣子清潔牆壁也很費事，而且在有火的附近放東西也很危險吧。
拿東西時也很危險……
好燙
把長柄杓放進角落插著料理長筷的容器裡，
再把整個容器放在瓦斯爐下方的空間，這樣應該可行吧？
做菜時再把容器整個取出來，做完再整個放回來。

這裡放得下砧板……
湯鍋、炒菜鍋不多，所以這個地方還有一些空間！
調味料架有在用嗎？
直接問到我的痛處……
我自己把辛香料裝進去的……我那時裝了些什麼？
呃……
而且全部都黏答答的。
還有果醬的空瓶也放在這兒當裝飾……
完全沒有使用過的瓶子，也放在這邊任由它變髒……
黏答答……
好，那我們就把這裡收拾成「放眼望去沒有擺放任何東西」的樣子吧！
調味料架上的東西，最後只留下了香草鹽，可以收在瓦斯爐旁邊的抽屜裡。
經常使用的調味料
香草鹽
抹布類則是在門上裝上架子，讓抹布可以收納在視線以下的地方。

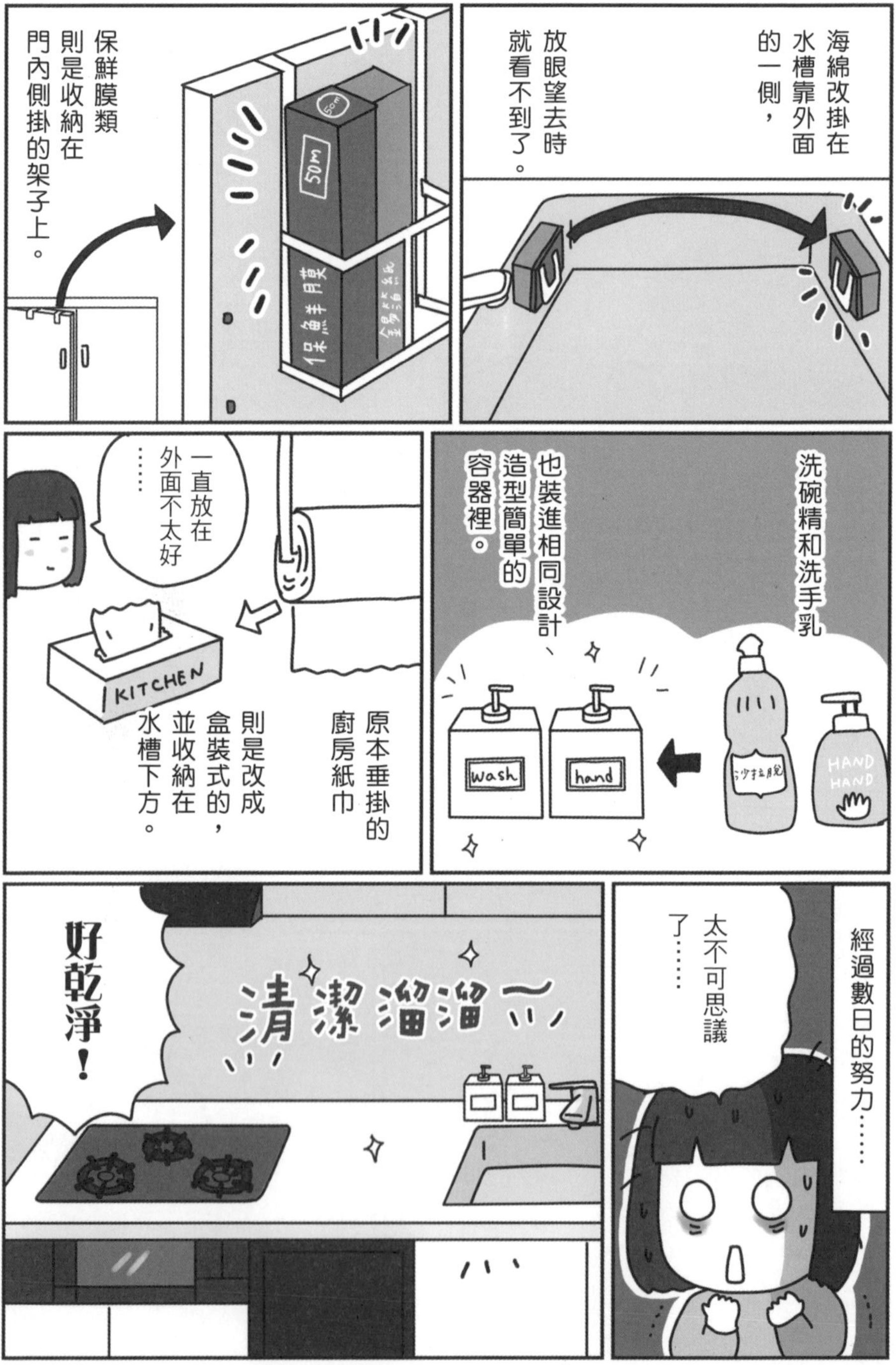

海綿改掛在水槽靠外面的一側，
放眼望去時就看不到了。
保鮮膜類則是收納在門內側掛的架子上。
50m
洗碗精和洗手乳
也裝進相同設計、造型簡單的容器裡。
沙拉脫
HAND HAND
wash
hand
原本垂掛的廚房紙巾
則是改成盒裝式的，並收納在水槽下方。
一直放在外面不太好……
KITCHEN
經過數日的努力……
太不可思議了……
好乾淨！
清潔溜溜～

整理之後的好處
①有空間可以處理食材了！
空位
可以大展身手做菜了！
……？
得把醬油拿出來！
②需要的東西可以立刻取出。
③發現做菜後廚房四周比自己想像的還要髒。
黏答答
黏答答
好輕鬆～♪
④可以快速擦乾淨，維持清潔不費功夫！
擦拭
擦拭
因為東西少，所以需要收拾的地方很一目了然……
因為東西少，所以維持清潔很輕鬆，又能常保清潔。
需要的東西立刻就能取出。
我開始覺得，收拾整理好像是讓東西變成自己的東西！
收納不能當作是在裝潢布置呢!!
感覺這次真的能打造出自己的城堡了。
Good Job!!

拾腦」建議 2

描繪出收拾的設計圖

機械設計和整理收納是相同的

我平時是一名機械設計（machine design）的工程師。當一名機械設計工程師，首先就是要繪製設計圖，畫出自己想製作的機械。而一開始我們會思索，要先具備哪些條件，才能製作自己心中的機械？要進行哪些事，才能完成這部機械？有了這樣的設計圖後，才能進入下一個步驟。如果貿然開始製作的話，做到一半時，就會感到窒礙難行。

舉例來說，建造房子時，也需要先根據自己想要的生活，畫出房子的整體設計圖。我們不可能一時興起地先做一個玄關，其他以後再說。我們會有各種要求，例如，想把客廳的空間拓寬，放一張大大的桌子，讓全家人能聚在這裡；想壓縮走廊以節省空間；想要大量的收納等等。因為不可能滿足所有條件，所以會先設定優先順序，盡量設計出能獲得最大滿意度的機械。

為何收納箱會逐漸增加

收拾整理其實也是相同的道理。漫畫上經常出現這樣的劇情：先買了收納箱回家，結果卻變成派不上用場的多餘物品。之所以會如此，就是因為徒有收拾之心，而未先繪製設計圖所產生的結果。例如，當你想製作一個「收拾整理的設計圖」，藉以打造清爽乾淨的居家空間時，你可能會想到一些希望達成的條件，像是「書桌上維持沒有東西的狀態」「讓經常使用的物品可輕鬆取出」「讓房間使用起來更寬敞」等等。接下來，你就能看出要實現這些條件所需採取的行動、空間的使用方式、所需的收納工具，例如「不用的東西就丟掉」「設定物品歸位時的固定位置」等等。

現在有什麼感到困擾的地方嗎？
我不知道學校的東西要放在哪裡。
沒辦法立刻找到我想要的東西。

開始收拾整理前，先傾聽對方在生活上的問題點，再來思考解決的方法。

好多調味料都只用到一半！

Komaki家的凌亂回憶錄

充斥著無用之物的廚房……

用矩陣
來丟衣服
就不會卡關

第7話

聽到矩陣(Matrix)
只會想到駭客任務……
一開始
還以為是這個……
等你玩夠了就開始收拾吧……

Rikei Otto no
Mirumiru Katazuku!
Seiri Shunou Jutsu

某天，在我家的臥房……
啪！
咚！
張眼
怎、怎麼了？
啪
吊衣桿……
哎呀～
垮了……
可是它明明說是「堅固的」吊衣桿啊……
麻煩嘍—
原來你支撐得這麼辛苦……
啊——固定桿子的螺絲壞掉了……

得買新的了……
在那之前，
得先減少衣服才行。
癱軟～
說得對。
不只吊衣桿，這裡也得減少吧？
麻煩嘍～
臥房裡是好幾個塑膠PP材質的收納抽屜疊在一起，
當作抽屜櫃使用。
這個……
很棘手吔……
我不禁這麼想。
為什麼？
摺衣服其實我很拿手，
把乾淨的衣服收起來，可就令我頭大了。
前百貨公司員工
摺衣服是還好……
方正

塞得進去嗎……可是……
已經關不起來了。
咦?!還要再塞衣服?!
勃然變色
不要問塞得進去嗎！直接塞進去就對了！
哇~!!
塞
塞
結果……抽屜櫃變成連開關都很吃力……
已經塞不下了——
連拉開都很麻煩……
做人的底線都快守不住了……
真不想換衣服……
我稱自己為裝到滿達人……
總是在裝到滿的活動中大顯身手。
但我對收納的不擅長……
其實就是裝到滿達人惹的禍吧……

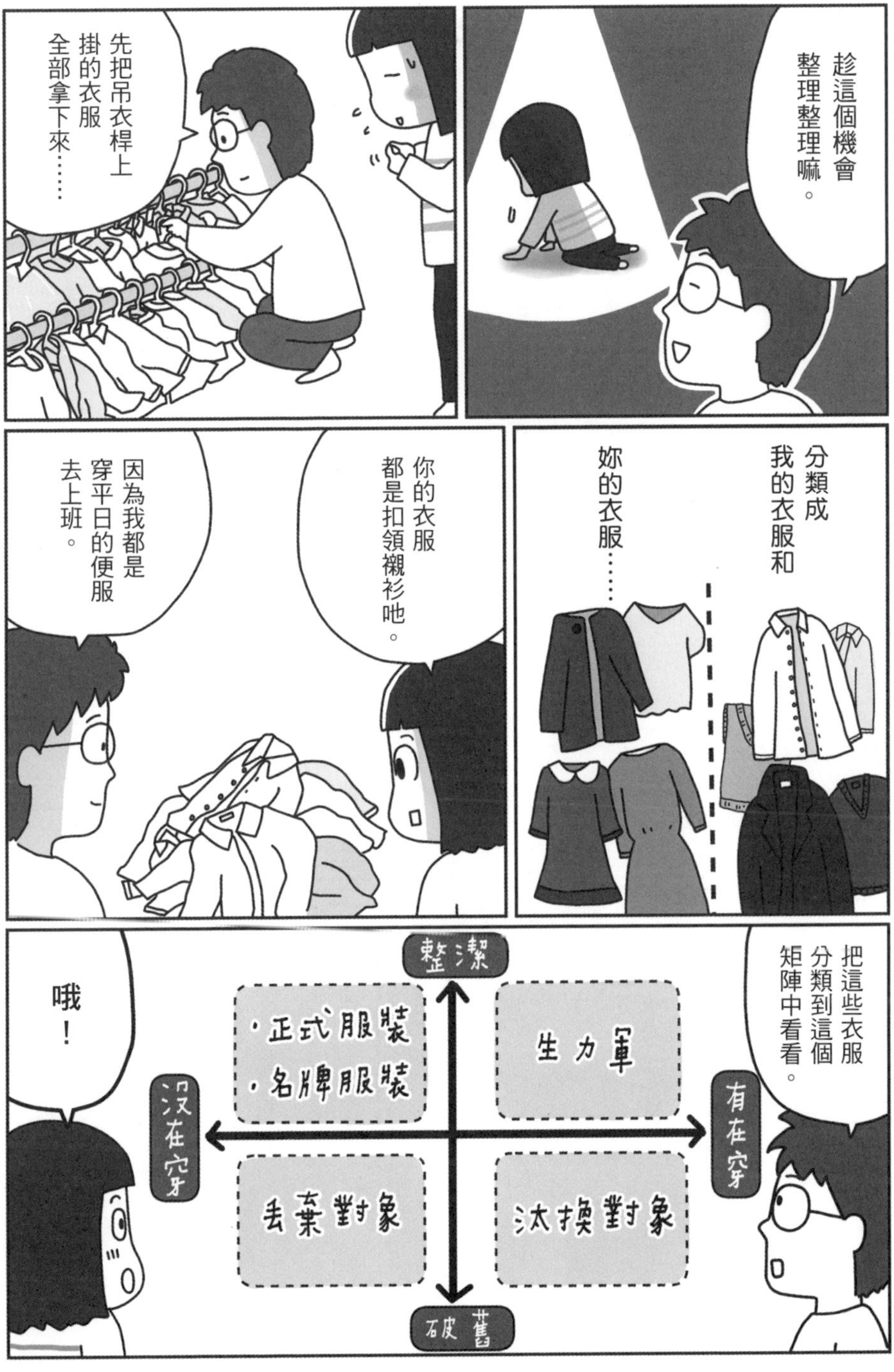
趁這個機會整理整理嘛。
先把吊衣桿上掛的衣服全部拿下來……
分類成我的衣服和
妳的衣服……
你的衣服都是扣領襯衫吔。
因為我都是穿平日的便服去上班。
把這些衣服分類到這個矩陣中看看。
整潔
破舊
有在穿
沒在穿
・正式服裝
・名牌服裝
生力軍
丟棄對象
汰換對象
哦！

整潔且常穿的衣服
剛買沒多久，
又常常穿。
正在發揮作用的生力軍。
這些是一軍成員。
現正活躍中！
破舊卻有在穿的衣服
這件我經常看到你穿！
可能因為太常穿它，領口都變得破破爛爛的……
UNICLO
如果還有相同的商品，就可以買新的汰換了。
整潔但沒在穿的衣服
唯二件正式的衣服……
偶爾派得上用場，所以還是留著。
雖然是高價的名牌貨……
緊到沒辦法活動身體！可以考慮丟掉了……
緊繃
緊繃

破舊又沒在穿的衣服
黴菌色的西裝外套
已經是三十年前的西裝外套了……這可以丟了。
沉重
厚呢外套也是又重又老舊，穿了會肩膀痠痛……這也丟了。
不知道該不該丟的衣服，
就放進暫時保管箱裡。
暫時保管
如果要一件一件猶豫該不該丟，就太浪費時間了，所以暫時放進箱子裡，讓手邊的工作繼續。
確實，每次猶豫都會花很多時間。
我的部分結束了，換妳了！
暫時保管
驚
這麼快?!
總之，來把我堆積如山的衣服分類到矩陣中……
嗯～

整潔
沒在穿
有在穿
破舊
太重
款式不合適
粗糙
汙漬
脫線
裙襬破破爛爛
沒想到一下子就分好了……

破舊又沒在穿的，就可以毫不猶豫地丟掉……
真正的問題在於……
丟
丟

這些破舊但常常穿的衣服。
有的是脫線了，
有的是有破洞，
有的是有汙漬……
是說，一個年近五十的人居然還在穿這種衣服……
脫線
粗糙
汙漬

我就是喜歡這種款式啊……
都已經這麼破舊了還在穿，我對衣服的喜好真是一目了然。
像這樣俯視衣服時，
居然有這麼多被我遺忘的衣服……
就會變得很灑脫。
一下子就……
整理好了……
大約一半都被丟了……
做得好！
45ℓ
接著是收納抽屜。
噫！
塞得太滿，
感覺都快爆開了。
STOP!!
裝不下了!!
感覺像是潘朵拉的盒子，
砰！！
一打開衣服就會全部飛出來……
哇呀呀

收納抽屜的好處是，整理時可以把整個抽屜取出來。
但還是得動手！
拉開
翻過來，全部倒出來！
嘿！
掉落
堆積如山的衣服……
豁出去
分類進矩陣裡吧！
於是……開始分類後，有了很多新的發現。
我這個人
穿的衣服幾乎都是黑色或深藍色……
而且都是船型領……
沒在穿的衣服……
背心幾乎都沒在穿……而V領的衣服我可能不是那麼喜歡……
而且，竟然在收納抽屜的最深處意外發現——
這、這、這個是……！
閃亮

在百貨公司任職時，透過員工優惠價買的T恤……！
NOMO
16
好懷念！
另外……還有款式太難以駕馭的上衣，
曾有段時間迷上這種衣服。
曾經穿著它在托兒所
好像惡魔！
被小孩這麼說……
Paruri的朋友
跟這些令人懷念的記憶告別……
含淚……
藉此換來更多空間！
45ℓ
減少了不少呢！
妳做得真棒！
放衣服的時候，使用的空間不要超過七成。
從上方俯視抽屜
內側
空位
外側
摺衣服的方式最好也加以統一。
要配合收納，對吧？

要配合收納抽屜的寬度和深度來摺衣服。
收的時候，凸摺的部分朝上。
放入書擋後，衣服就不會倒掉。
百圓商店買來的書擋。
在收洗好的衣服時，收進抽屜的內側，就不會有放到忘記的衣服了。
新的吊衣桿也送來了。
空位
空位
空位
空位
多出好多空位！
看起來不再那麼擁擠，更便於挑選衣服。
真的呢！

最大的改變是，收放乾淨的衣服時，變得一點也不痛苦了。
因為還有空位，所以擺放衣服很容易，抽屜的開關也很流暢！
加裝西圓商店買來的隔層，用來擺放較薄的上衣。
開心～
我的摺衣服技巧終於有地方發揮了！
方正
不過，丟掉的衣服還真不少。
可是，還有一些丟不下手的衣服……
暫時保管
沒關係，別著急、別著急。
暫時保管
在保管箱上寫上整理日期，之後再定期回來確認吧。
2月18日
如果考慮很久
還是無法決定的話，也可以拿到二手衣店去回收。
我在心境上，也逐漸把收拾看成是一件輕鬆的小事了！
說得也是。

十年前的我，

還很喜歡穿款式難以駕馭的衣服。

第8話

為家人的未來而進行的醫藥箱整理

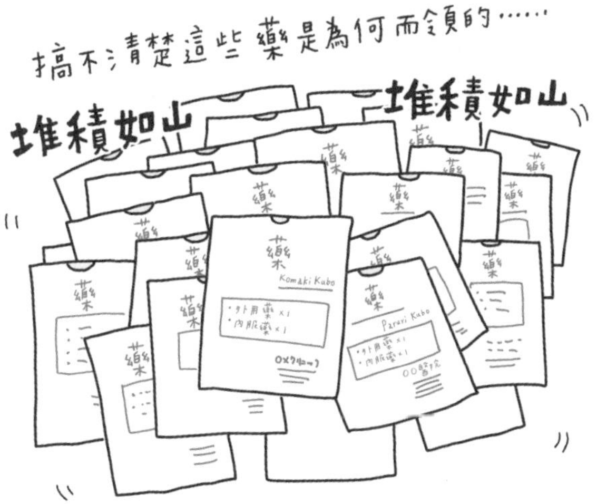
搞不清楚這些藥是為何而領的……
堆積如山
堆積如山
Komaki Kubo
外用藥×1
內服藥×1
〇〇醫院

Rikei Otto no
Mirumiru Katazuku!
Seiri Shunou Jutsu

在收拾屋子的過程裡……
我們家東西真是太多了……
心浮氣躁……
我重新體認到這件事。
之前整理衣服時也有這發現，
都是相同款式的深藍色上衣！
沒記住自己有哪些衣服……
重複的東西很多……
整理餐具櫃時，也發現有很多類似的餐具……
顏色、形狀、大小都很相似……
整理衣服時，雖然有著堆積如山的外套，
但真正在穿的只有兩件。
家裡有好多東西都是多餘的。
很棒的發現！
平常看不到的地方應該也有很多不需要的東西吧……
嗯？
快步

這裡這裡！
咦？玄關？
我們家中，玄關應該算是比較整潔的地方吧？
這是我用來放鬆心情的地方吧！
來嘛來嘛！
咿呀
咦？外面？
Kubo
啊……雨傘？
沒錯。
全部拿出來看看。
全部？
塑膠傘6把!!
塑膠傘中，有兩把骨架已經斷掉。
Kubo的傘
Paruri的傘
被埋藏在下面的摺疊傘。

我們家只有三個人，根本不需要這麼多把傘……
每次忘記帶傘就會去買塑膠傘，才會愈來愈多吧。
裡面還有已經壞掉的傘……
塑膠傘只要留下兩把，其他就讓它們功成身退了。
看起來變得好清爽……
啊！那裡也是！
那裡？
之前整理衣服時就發現了。
這個抽屜……
卡卡的
擠得滿滿
浴室外換衣間的櫥櫃裡，用來放毛巾的抽屜！

家裡的毛巾都擠在這一層……
因為我是裝到滿達人，所以被我塞到一點空隙都不留……
嘿嘿嘿……
開關抽屜很困難，每次要收毛巾時都覺得很煩。
我們一星期會洗幾次衣服？
大概三天一次吧？
大浴巾十二條，小毛巾應該有二十條以上吧……
哎呀呀……
沒想到能塞這麼多……
家人分別使用的毛巾是
我用大浴巾。
我們用小毛巾。
三天洗一次衣服的話，這樣的數量應該很足夠吧？
五條
五條
五條
小毛巾
大浴巾

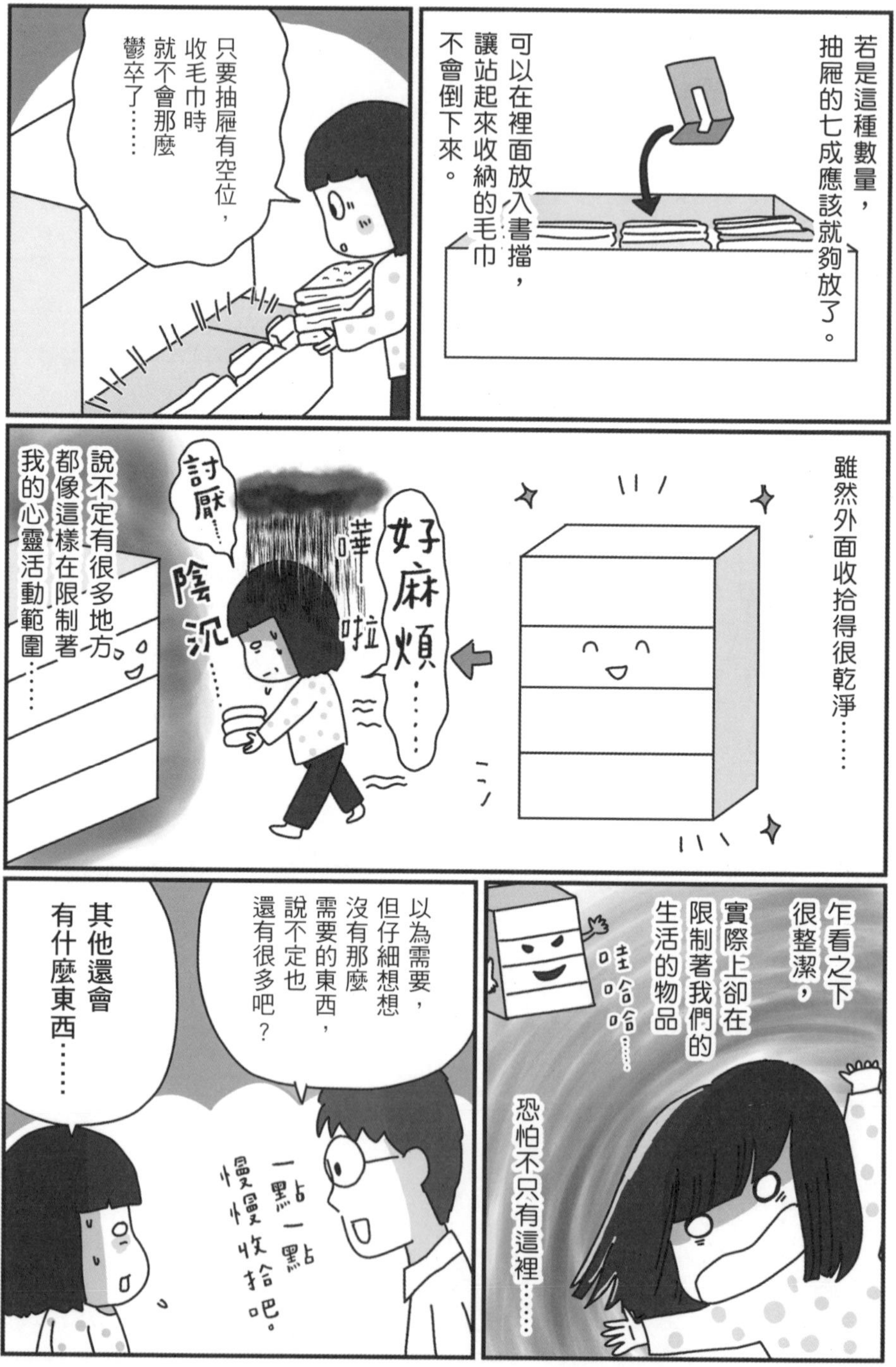
若是這種數量，抽屜的七成應該就夠放了。
可以在裡面放入書擋，讓站起來收納的毛巾不會倒下來。
只要抽屜有空位，收毛巾時就不會那麼鬱卒了……
雖然外面收拾得很乾淨……
好麻煩……
嘩啦
討厭……
陰沉……
說不定有很多地方都像這樣在限制著我的心靈活動範圍……
乍看之下很整潔，
實際上卻在限制著我們的生活的物品
哇哈哈……
恐怕不只有這裡……
以為需要，但仔細想想沒有那麼需要的東西，說不定也還有很多吧？
一點一點慢慢收拾吧。
其他還會有什麼東西……

比方說，內衣褲、襪子也可以跟毛巾一樣，都留下五條、五雙，等到年底再一次全部換新。
的確……裝內衣褲的地方也都擠得滿滿的，根本不知道有幾條……
擠得滿滿
這種「擠得滿滿」的狀態，會讓我感到很疲憊……
啊，還有那邊也是。
這次是什麼？
拉出
拉出
多到滿出來了……
那就是藥品……
家人各自的藥不斷增加……
琳瑯滿目
我向來都是裝在籃子裡，再放進有門的櫃子裡，
OK
不要去看了……
就當作已經收拾完畢了。

可是需要用到藥時，
又無法立刻找到需要的藥。
慌亂!!
因為放進籃子裡時，
只是看到位子就塞而已，
所以才會找不到需要的藥……
滿滿一堆
彷彿觀葉植物
那我們就來想想
該怎麼整理吧。
從醫院拿回來的藥……
都是放在袋子裡，
全部看起來都長得一樣。
一大堆一大堆
但也不知道
要怎麼整理。
這時候應該以「人」
來分類吧？
過敏藥
眼藥水
軟膏
腹痛藥
胃藥
耳鳴
外用藥
貼布
胃藥
降膽固醇藥
外用藥
溫感
貼布

根據所有者分類後，居然還有這麼多……
眼前看到堆積如山的東西時，心情就會變得鬱卒……
Komaki Kubo
各自放在白色袋子裡的處方藥……
找藥的時候也很麻煩……
雖然有點費事，不過我們還是把不同的藥分別放進透明的夾鏈袋裡吧。
只要把寫有藥的用法、用量的單子一起放進去就行了。
好、好麻煩……
雖然麻煩，
但找來找去找不到，反而要花更多時間吧？
我的藥
在哪在哪?!
不想看……
這些日子我們一點一點地整理，生活上應該漸漸變得比較方便了吧？
沒錯……
過去就是忽略了這些步驟，才會一直沒辦法把家裡收拾好吧……

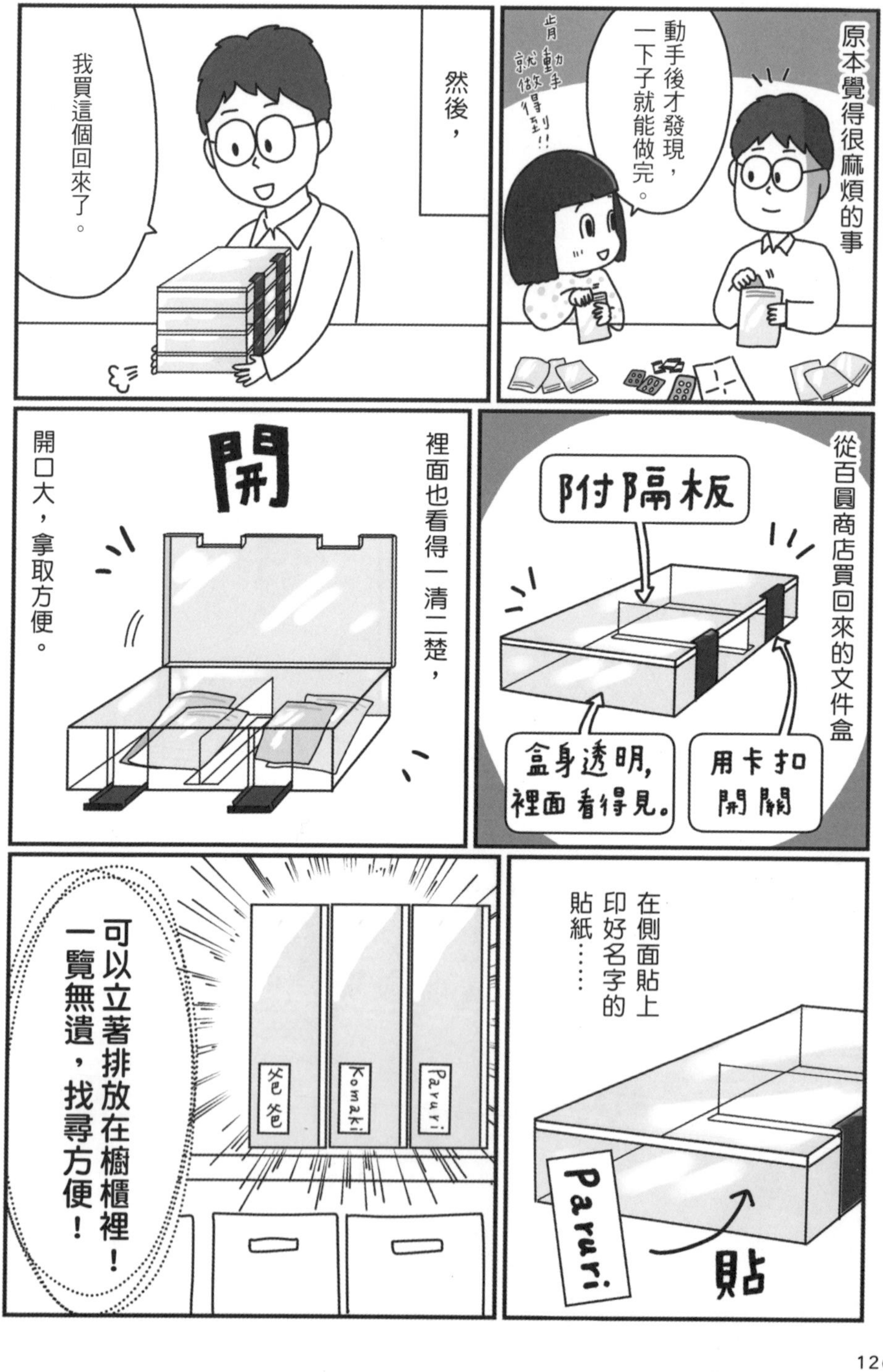
原本覺得很麻煩的事
動手後才發現，一下子就能做完。
肯動手就做得到!!
然後，
我買這個回來了。
從百圓商店買回來的文件盒
附隔板
盒身透明，裡面看得見。
用卡扣開關
裡面也看得一清二楚，
開口大，拿取方便。
開
在側面貼上印好名字的貼紙……
Paruri
貼
可以立著排放在櫥櫃裡！一覽無遺，找尋方便！
爸爸
Komaki
Paruri

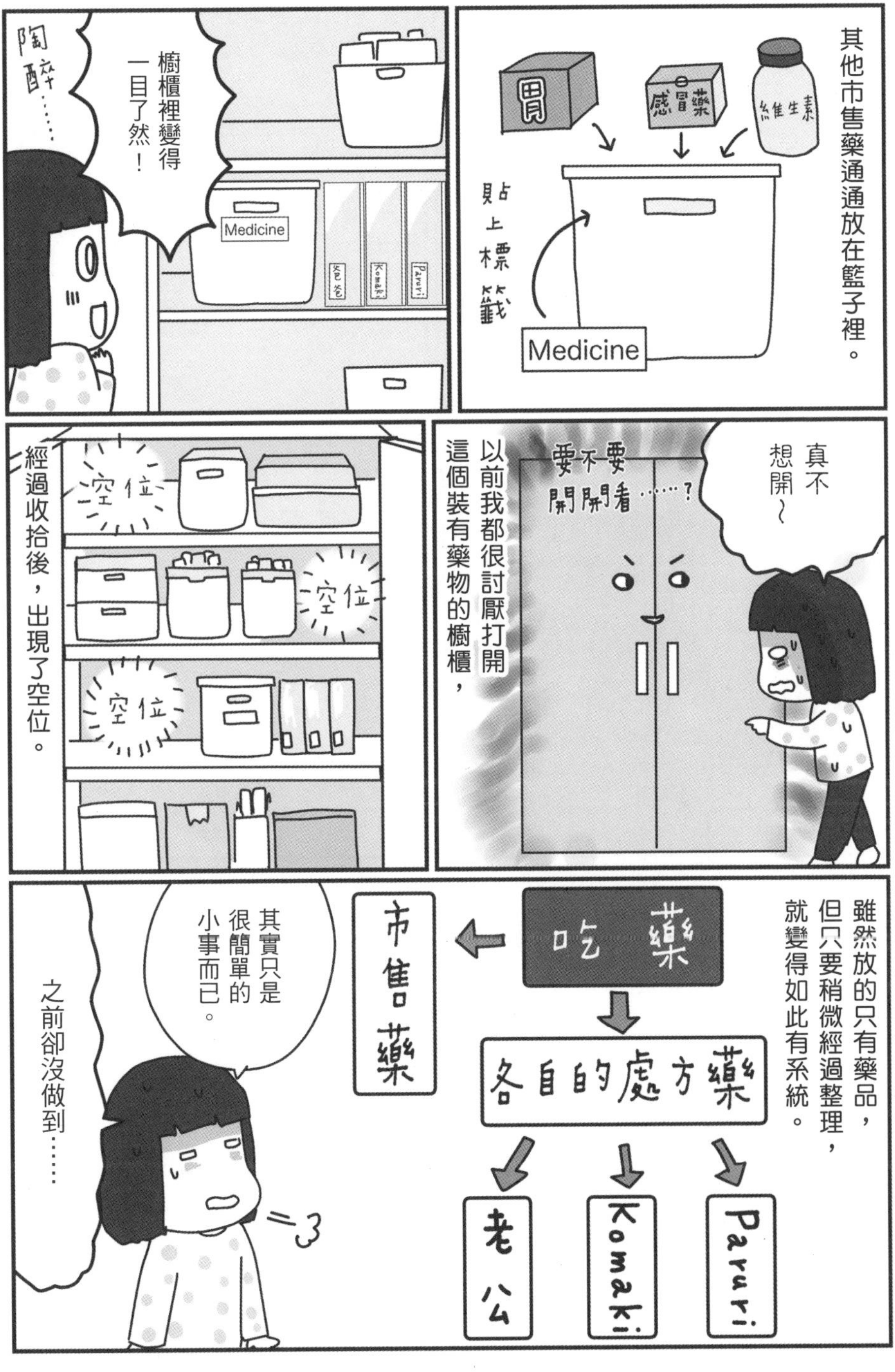
其他市售藥通通放在籃子裡。
胃
感冒藥
維生素
貼上標籤
Medicine
櫥櫃裡變得一目了然！
陶醉……
Medicine
爸爸
Komaki
Paruri
以前我都很討厭打開這個裝有藥物的櫥櫃，
真不想開～
要不要開開看……？
經過收拾後，出現了空位。
空位
空位
空位
雖然放的只有藥品，但只要稍微經過整理，就變得如此有系統。
吃藥
市售藥
各自的處方藥
老公
Komaki
Paruri
其實只是很簡單的小事而已。
之前卻沒做到……

因為那時嫌麻煩……
因為腦筋一片空白……
燈亮
你做事總是這麼迅速俐落，但你不會覺得麻煩嗎？
麻煩啊。
這還用說
我這個人
好麻煩……先休息一下再說。
ZZZ……
常常像這樣……莫名其妙地進入休息狀態。
（老公）我則是遇到麻煩的事時，
咚
非做不可
進度
該做的事
放不下心
加班
如果沒處理好，就會更辛苦。
現在是為了明天的自己而做。
收拾整理也是如此，因為重視家人的未來，所以現在先做好。
現在是為了家人的未來而做。
過去我只不過是把麻煩事，都留給了未來的家人去做……
亮起
感覺自己內心的某個開關被打開了。

現在，日常生活的一些小地方，
遇到時就會立刻去做。
堆放在冰箱裡小包裝的山葵泥，
山葵泥
生山葵
MILK
只剩下一點點的淋醬……
淋醬
和風
還有保冷劑
也用不到這麼多吧……
垃圾袋
免洗筷也多到抽屜都關不起來了……
剔除掉一些……
慢慢變得即使不問老公，
也能自己動手做了。
自信…
生活中小小的煩躁感
心浮氣躁……
moya moya
立刻處理！對吧？
抓到你了!!
好棒!!
一點一點地建立起了
隨手收拾的心態。

「拾腦」建議 3

別將麻煩事留給未來的自己和家人

不上不下的狀態會造成精神壓力

我們的設計工作，也分成肯動手就做得到的事，和還沒找到解決方法的事。先迅速完成肯動手就做得到的事，將其他時間留下來討論那些還沒找到解決方法的事。否則，恐怕難以在期限內完成工作。

現在讓我們將這樣的概念套用在居家的收拾整理上。困難而需要花長時間解決的問題，並沒有那麼多。大多都是肯動手就做得到的事。既然如此，那當然是趕快將事情完成，才能儘早換來舒暢心情。確實有些時候，我也會感到麻煩、不想動手。不過，因為我是理科人，又帶有完美

理科先生的「收

主義和愛操心的個性，放著不管，而持續處於不上不下的狀態的話，反而會對我造成更大的精神壓力。所以我都會儘快解決問題，讓心情放鬆。

將有限的時間用在有意義的事情上

到處翻找東西是浪費時間，對於此事大家應該都有同感。以前，這在我們家也經常發生。而且往往是一次又一次地找著相同的東西。例如，剪刀、原子筆、膠帶等文具，往往每次都被放在不同的地方，使得要用的時候搞不清楚東西在哪裡。找不到的時候，又會再買新的，於是數量也不斷增加。類似的原子筆、外面送的原子筆也是多不勝數。而且，到了要使用的時候，有時卻又會發現墨水出不來，而無法使用，只好再去翻找其他的原子筆。

只要設定好歸還物品的固定位置，應該就能快速找到了。時間是有限的。我覺得，與其把時間花在翻找東西上，不如拿來與家人一起邊吃零食邊聊天。

只要不累積那些小小的麻煩事，
整理文具
倒垃圾
垃圾分類
整理餐具
整理衣服
好麻煩。
就不會變成大大的壓力!!

整理醫藥箱發現的事……
治腰痛的藥和
貼布
外用藥
外用藥
清涼感
美容和減重類的保健食品多不勝數……
控熱量
維生素
水腫
中藥
中藥
尤其是美容和減重類的保健食品……每個裡面都剩下一點點。
喀啦喀啦
控制吃太多的熱量
明顯只剩下幾顆而已
根本就……
不持之以恆的話……
在這之前，應該先檢視自己的飲食……
看不到效果……

努力過就會留下痕跡……

第9話

建立制度，讓孩子變身成收拾達人！

Rikei Otto no
Mirumiru Katazuku!
Seiri Shunou Jutsu

客廳變整齊了，
我們家也變得愈來愈舒適了，
可是……
令人陶醉。
我回來了ー
這聲音是……
出現了……！
乍現
回來啦……
媽媽ー♪
我們家的亂丟部部長！
歡迎回家ー
我也沒什麼資格說人家。
啊呵
咚
我去洗手嘍。
喂，妳給我等一下喔！
這是誰的東西！
Me的東西。
她的第一人稱是「Me」。
好可怕喔……

這裡不是用來放書包的！
咦？可是——
媽媽不是也把包包放在這裡過？
中標
迴力鏢
哇
那是之前的事！
好痛……
我們後來設置了一個專門放包包的地方！
原來如此。
包包舊址
快去快去。
拿回自己的房間。
好
去
去
然後……
來做功課。
Paruri一邊這麼說著，一邊帶著文具、作業回到客廳。
前進
我看電視上說，在客廳念書的孩子會變聰明。
小學時期成長得最快！！
A男孩和母親
許多東大學生都在客廳念書
電視特輯
我想說，我們家也這麼做，Paruri就會變聰明……
嘿嘿嘿……

把各種東西全攤在桌上後，桌上變得凌亂無比……
烏煙瘴氣
?
愈是優秀的孩子，東西愈凌亂。
呵呵呵……
我沒聽說這麼說過……
教育評論家
雖然不久前，我自己也是這個樣子……
等一下再收拾就好了。
好麻煩喔—
但站在旁觀者的立場時，就愈看愈火大~
妳把桌子搞得太亂了！
而且弄亂了都不收拾!!
對啊—
被罵到皮了。
我回來了……
嘮叨
嘮叨
嘮叨
嘮叨
被媽媽罵了。
Paruri又把客廳弄亂了。
年近五十還在告狀

好啦、好啦。
啊哈哈
我們等吃完飯，再來討論一下。
含淚
飯後
那妳們各自有什麼意見要發表？
不是Me的錯啊。
Komaki的主張
明明有自己的房間，還要把東西拿到客廳來，把客廳弄亂！
每天都是這樣，我已經受夠了！
嗯嗯
好不容易才把客廳整理乾淨的，卻一直被她弄亂！
她又不收拾，結果都是我在收拾！
Paruri的主張
念書要用到的東西本來就很多，有些東西又不知道要收在哪裡。
如果我自己找一個地方放，就會被罵……
原來如此。
我大概知道問題出在哪裡了。
那有罪的是誰？
是Paruri吧？

兩個人都無罪。
什麼?!
我要上訴!
問題出在我們沒有建立收拾的制度。
收拾家裡是全家人的事，大家都該動手做。
人好好喔~!!
聽取Paruri的意見
妳為什麼會把書包放在客廳不管呢？
因為我想先洗手……然後，看到零食，就開始吃零食……
然後，媽媽叫我做功課，我就把文具作業拿到桌子上。
嘿喲~
嘿喲~
客觀聽起來，她只不過是沒有規則可循而已……
這個人想到什麼就做什麼……
當初因為Paruri的房間太小，又沒有收納場所，所以我們替她買了系統床組。
那我們來確認一下Paruri的房間。
烏煙瘴氣……

系統床的收納能力超乎我們的預期。
床鋪旁附有可放置小東西的平台
書桌可以拉出來
三斗櫃
書櫃
裡面竟然可以放進九個收納抽屜!!
比想像中的整齊呀……
？
但仔細一看，就會發現有問題的地方。
這個滾輪置物架！
完全沒有分類！
擁擠
所有縫隙都被塞得滿滿的！
重死了！
這、這樣子……找作業本的時候不會很難找嗎？
就一個一個拿起來看。
會、在、哪、呢？
要找到哪一年……
颼颼颼……
仔細一看，系統床組的抽屜櫃和書櫃也是被塞得不留一絲縫隙……
擁擠
擁擠

首先，當然是確認這間房間裡有哪些東西。
咦……不會吧……要把所有東西都拿出來嗎？
當然嘍！但這次要盡量讓Paruri自己動手。
什麼?! Me?!
先推到客廳去嗎？
到寬敞的地方再把東西全部拿出來。
滾動
太重的東西我們會一起幫忙搬。
先掌握自己擁有哪些東西。
好多喔……
學校相關
數學
教科書
國語
Paruri Kubo
筆記本
考試
單張講義類
數學習題
1天1張
習作
函授課程
講義
國語
數學
社會
練習題
其他
餅乾
垃圾
貼紙
摺紙
便條紙
廣告傳單
塗鴉

可以丟的就立刻丟掉。
真是的～
垃圾一大堆……
塗鴉、摺紙、宣傳冊也丟掉。
餅乾
經過這樣俯視……
置物架上可以只留下兩類，學校相關和函授課程。
Yes, Sir!
敏捷
教科書……
置物架上只放這個學年要用的就好。
國語 二年級
國語 四年級
上個學年以前的筆記本，也可以從置物架中移走。
連二年級的筆記本都還在。
單張講義
要怎麼整理比較簡單？
哦，開始自己思考了……
考卷和上課使用的講義，只要留下該學年的應該就可以了。
自然
地圖講義
數學計算講義
國字考試

我們來訂一個規則，先不用考慮太多，只要是學校發的，都先放進這裡吧。
這個……
上面這個「③」的標籤是什麼？
③單張講義收納
這裡面的東西就由妳來確認。
③單張講義收納
需要的東西放進透明檔案夾裡保管，應該就可以了吧！
如果把這個檔案夾分類得太過仔細，只要一出現例外就會找不到地方放。
只有一張的類別，會搞不清楚要放進哪裡。
所以我覺得，可以從一側開始，按時間，比方說以月份做分類就好了。
1 2 3 4 5 6 7 8 9 10 11 12
進入下個學年後，再回頭來看是要丟掉，還是掃描成檔案保存。
你說的這些我現在知道了，但剛剛那個③到底是什麼？
我剛剛已經寫好①跟②貼在這裡了。
②…
①…

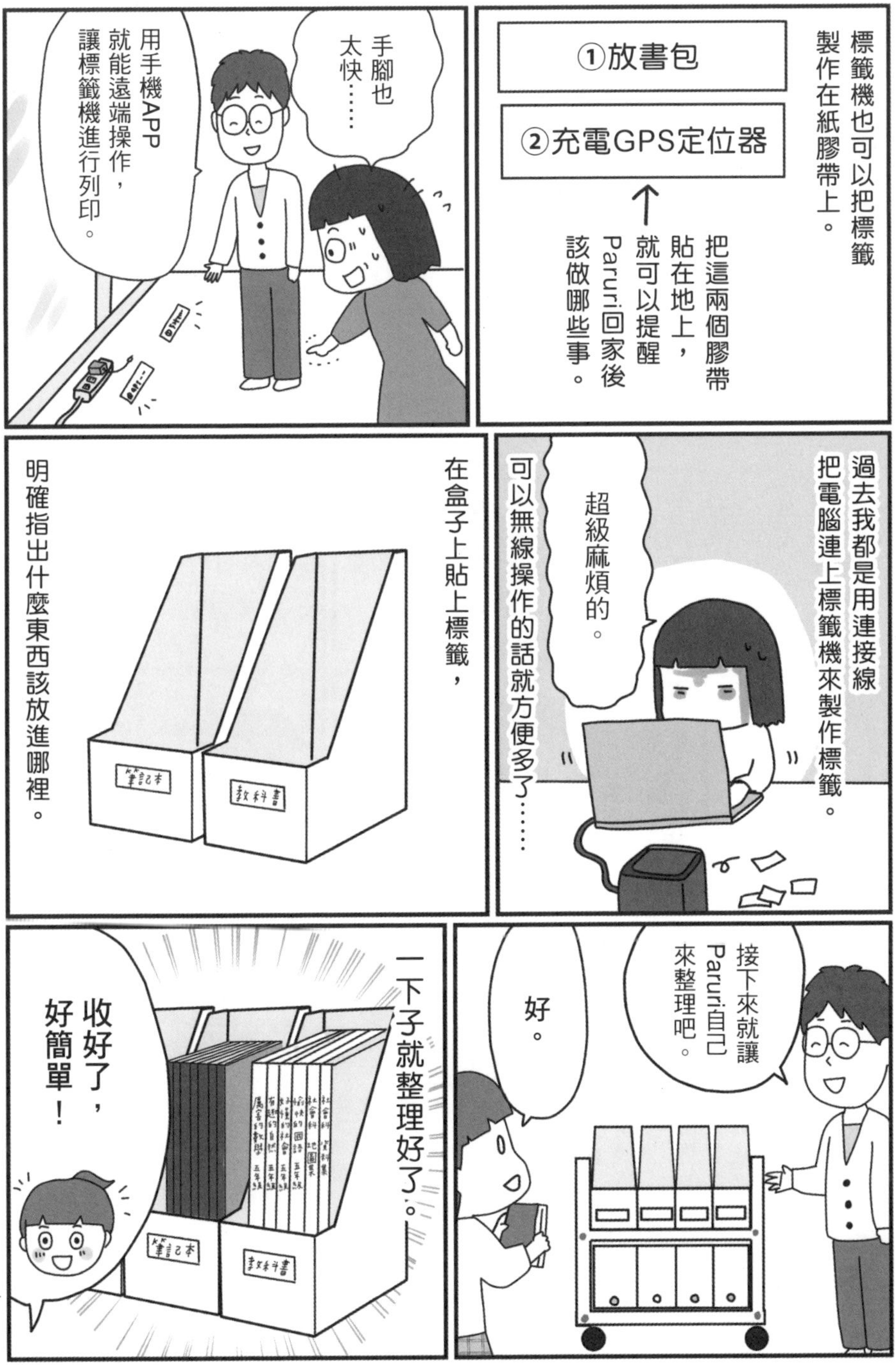
標籤機也可以把標籤製作在紙膠帶上。
①放書包
②充電GPS定位器
把這兩個膠帶貼在地上，就可以提醒Paruri回家後該做哪些事。
手腳也太快……
用手機APP就能遠端操作，讓標籤機進行列印。
過去我都是用連接線把電腦連上標籤機來製作標籤。
超級麻煩的。
可以無線操作的話就方便多了……
在盒子上貼上標籤，
筆記本
教科書
明確指出什麼東西該放進哪裡。
接下來就讓Paruri自己來整理吧。
好。
一下子就整理好了。
筆記本
教科書
收好了，好簡單！

收拾起來很方便……但要用時方不方便呢？
現在把國語的筆記本拿出來看看。
好——
很容易的♪
我看看、我看看……
每一本的外型都一樣，
所以要一本一本找……
那我們來製作書脊標題吧。
書脊？
使用標籤機
運作中
國語
社會
製作用來貼在筆記本書脊上的標題。
再分別貼在筆記本上。
搓
國語
搓
放進去
筆記本
一下子就能找到了！
馬上變得一目了然……
筆記本
不只要收拾時方便，還要讓取出時也很方便。
超贊同！
點頭點頭

原本擠成沙丁魚罐頭的置物架，
變得井然有序，
而且好像還能放更多……
不可以！
不能再增加了！
我的壞習慣……
我要維持這個狀態！
？
回頭一看……
轉……
這學期以前的筆記本……
一大堆
數學
2-3 Paruri Kubo
1-1 Paruri Kubo
日記
1-1 Paruri Kubo
稚嫩的文字……
她就是這樣一邊犯錯一邊學習而來的吧。
真可愛……
真的一點一點在成長。
5+10=15
1+2=3
6+1=7
3+4=7
沉浸其中……
我懂妳的心情，
但是要把全部都留下來太困難了。
我、我知道啦……

猶豫的時候要怎麼辦？
放進暫時保管箱保存！
我都忘了……
闔上
不知道該不該丟的東西，就放進暫時保管箱！
一直猶豫的話，太浪費時間了。
暫時保管
因為床鋪下面的書櫃和櫥櫃也塞得滿滿的，
還是先來整理這些地方吧。
沒有一絲空隙！
把書全部都拿出來吧。
這是我幼稚園那時在讀的圖鑑！
幼兒用的圖鑑……
厚度可觀，很占空間……
交通工具
動物
好多書都十分占空間！
適合幼兒閱讀的圖鑑
滿滿一整個紙袋的玩具贈品
適合幼兒閱讀的雜誌

老公的結論
Paruri，
以後就用書桌來念書吧。
在客廳學習能教養出聰明的孩子。
那、那個……在客廳學習……
咦—
不必硬是要在客廳念書，只要是在父母看得到的地方，應該都可以吧？
盡量不要把其他的東西拿到客廳去。
Me也要在自己的房間念書！
這樣啊……說得也是！
後來……
①放書包。②替GPS定位器充電。
快速
③放單張講義。
以前東西都亂丟的Paruri……
一點都不會亂丟東西嘛。
讓我再次感受到，只要訂下一些小規則，就能帶來如此大的變化。

整理好幫手！

工具介紹①

標籤機

KING JIM TEPRA PRO SR5900P

用標籤清楚標示出東西的住處！

貼上標籤，就能輕鬆將物品歸位。

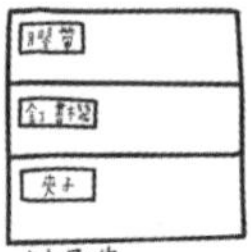

抽屜也貼上標籤。

能避免到處尋找東西，或搞不清楚東西該收在哪裡。

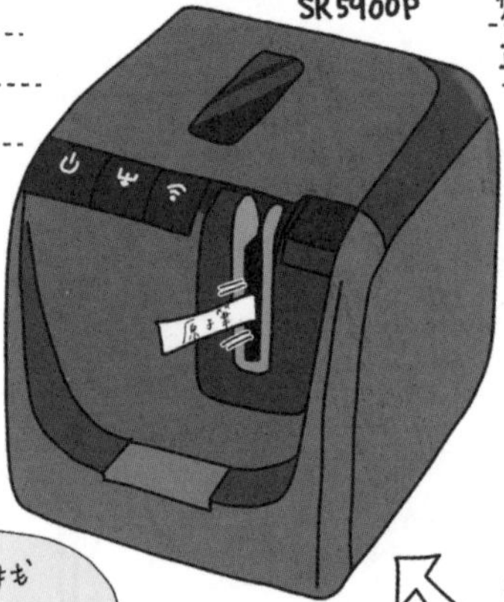

想到什麼都能立刻印出來

我們購買的是，可無線連結電腦或智慧手機進行列印的機種。標籤一下就做好了！

推薦 紙膠帶卡匣

能把標籤列印在紙膠帶上，所以黏貼和撕下都不費功夫！在決定好Paruri的行動模式後，就在家具、地板上貼上了標籤膠帶。

①放書包

在我們家常常派上用場！

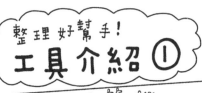

小孩的作品用照片保存

第10話

Rikei Otto no
Mirumiru Katazuku!
Seiri Shunou Jutsu

我來考妳一個收拾整理的機智問答。
年年增加，但要讓它減少卻很難的東西是什麼？
這個嘛……
靈光一閃
我知道了!!
媽媽的白髮！
也是啦
某個層面來說是正確答案！但不是這個答案。
要讓它減少，會非常痛苦。
我知道了！
我要回答
媽媽的體重！
自信滿滿!!
超級正確答案
我不都說了，這是收拾整理的機智問答啦!!
收拾整理時，有一種東西是一定會增加，卻很難讓它減少，它是什麼？

※註：迪士尼卡通《冰雪奇緣》裡的公主「安娜」（Anna），她的名字日文翻譯成片假名的「アナ」，寫成平假名「あな」則有「孔洞」的意思。

小孩的作品……
怦然心動的心情和……
唉呀呀……
心浮氣躁的心情，
兩者相互衝突……
這類小孩的作品，
跟其他東西的整理不一樣，
沒有「有效期限」等標準來告訴
我們哪些該丟，哪些不該丟，
所以全部都無法丟！
看著他們逐漸長大
而感到喜悅的同時，
年齡
作品也會愈來愈多……
唉呀呀……
如今
滿到快炸開
三個收納抽屜和紙袋也都裝得滿滿的。
已經裝不下了……
在老公的指導下，
丟掉了各式各樣東西，
而感到愈來愈神清氣爽。
我丟我丟
我丟丟丟

但這些就是丟不下手！這部連載到此為止！
哇嗚！
怎麼了、怎麼了？
淚水
其實……Paruri房間的
嗚嗚嗚
系統床組的收納抽屜裡……還藏著好多Paruri的作品！
那些我通通都丟不下手！
這是完全可以理解的。
可是，
再這樣保留下去，家裡的空間就會被大大壓縮喔。
對啊……
上了小學後，立體型的勞作變多了……
可收納的場所也使用到了極限……
因為她從零歲就被我們帶去托兒所，在那裡畫的圖，我們也都幾乎全保留了下來……
零歲藝術
塗塗
畫畫

再這樣下去……
認真
空間絕對會被占滿……
可是要丟掉又好心疼……！
嗚嗚嗚……
那些可愛的圖畫和文字……我不想丟掉啦。
在繪畫或文字上，可以感覺到孩子的成長，真的會讓人丟不下手呢。
但說實話……
有必要執著到這個地步嗎……
什麼
是我過於執著？
受打擊
妳的心情我很能理解……
但家裡的空間就這麼點大，最好還是要做出取捨，考慮哪些可以留下，哪些不用留下。
丟掉
留下

全部拿出來看看吧。
咦？
數、數量很龐大唷。
沒關係。
OK的
醜話說在前頭
把存放作品的收納抽屜全部搬出來。
啊！
怎、怎麼了？發現了什麼問題嗎？
竟然有按照歲數分別裝在不同的袋子裡！
鏘—
2歲
0歲
小雞班
1歲
松鼠班
哇……
以前的我……竟然有本事整理成這樣……
因為整理起來太麻煩，所以只是全部放進一個紙袋中，不過看到已經做好了這樣的分類，就莫名感到鬆了口氣。

①全部瀏覽一遍。
這些……
即使是主觀地站在父母的角度來看，
也會覺得只是一連串類似的圖案吧……
教訓
幼兒期會量產出大同小異的作品。
不過，
妳還真厲害！
妳有向Paruri詢問畫畫的日期和內容，並寫在畫上。
2014.11.6
原創角色
愛心心
Paruri
冰箱君
2014.10.15
被這個女孩撞到，所以長了一個包，正在冰敷。
雖然不是每張都有。
做事非常細心吔！
真是想不到。
有生以來第一次有人說我做事細心！
謝謝！
細心
喔—
這張上面寫著，原創角色愛心心和愛心心的妹妹。
2014.5.19
愛心心
愛心心妹妹
愛心心……
我完全不記得了……不過，不記得也很正常吧。寫下來果然是件重要的事……

②照相。
我有一個提議，要不要全部拍照存檔，才能有效管理。
可以一張畫拍成一張照片，也可以把好幾張小的作品放在一起拍成一張。
安娜
小美人魚
貝兒
蟲蟲卡
公主卡
咦？好麻煩……
本來就很麻煩。
斬釘截鐵
但不趁現在做的話，
就會一直心浮氣躁下去喔。
說服力滿點
對……正是如此。我都已經決定好從此不把麻煩事留到以後再做了……
只要手機裡安裝「Google相簿」，妳用手機拍攝的照片，就會自動被保存在Google相簿裡，所以妳不妨在這裡面管理。
Google相簿
因為會被上傳到Google的伺服器裡，
智慧型手機
平板電腦
Google相簿
PC
所以也可以使用電腦、平板電腦等其他3C產品檢視照片。
可是，
等到以後再回來看時，不會跟其他照片混雜在一起，而分不清楚哪張是哪張嗎？
6月
刷刷

可以在這裡輸入你要搜索什麼樣的東西。
4月
比方說，輸入「繪畫」來搜索。
< 繪畫
它就會從上傳照片中，挑選出畫面裡有出現「繪畫」的照片喔。
< 繪畫
2月10日
大量排列
你幫每一張照片都輸入了標註嗎？
它會透過影像認識進行搜尋喔。
Google……未免太強大了……
好恐怖
但也不是百分之百，還是會有漏網之魚，所以適合用在粗略的搜尋上。
可以把這當作參考標準
與其如此，或許還不如新增一個相簿，以後就把照片都收藏在這個相簿裡。
相簿名稱就叫做「Paruri作品集」好了……
反正之後還能修改，先不用考慮那麼多……
① 新增相簿
② 選取要複製到相簿裡的照片
06月
點
點
就這麼簡單!!
OK！我來試試！

先把全部拍過一輪就對了！
好，動手吧！
喀嚓
喀嚓
幸好當時有記錄下來。
2014.7.8
雖然所有照片都是今天照的……但是因為當時有記錄作畫的時間、繪畫的內容，所以只要看照片，就能知道那是何時的作品。
作為一個母親，我很想把她所有的作品都保留下來，但Paruri本人則是——
一點印象都沒有……
這在畫什麼啊……
丟臉死了。
是喔。
我想也是。
無論有沒有記錄下日期，只要拍下了照片，就不會髒掉也不會遺失了！
愈拍愈起勁！
喀嚓
喀嚓
於是我開始覺得，能做到這樣，就已經整理得很到位了。
拍完照後，
這張畫得真好。
Me喜歡這張！
好可愛。
特別喜歡的作品開始浮上檯面。
我開始扮演起了藝術品商人，決定從各式各樣的繪畫中，挑出特別喜歡的保存。
人臉畫得愈來愈像了。
哦
我……!!
開始畫背景了……

上小學後，Paruri就會帶立體作品回家了……
彈珠軌道
翹翹板
燈罩
用衛生紙捲筒做的勞作
但不知該如何保管才好。
如果小心翼翼不讓它們被壓到的話，就會很占空間……
立體勞作……要永遠保存太高難度了。
如果我有美術天分的話，是不是就能把它們裝飾得很有質感了？
沮喪……
又不是住在城堡裡，如果把風格不一的繪畫、勞作全都裝飾起來，我們家裡立刻就會散發出亂哄哄的感覺唷。
亂七八糟
那，把這架鋼琴上面的平台，當成美術畫廊，每次最多展示三樣作品，如何？
PIANO
每當出現新作品時，就把最老舊的作品丟掉。
新
舊
3
2
1
PIANO
NEW

丟掉之前，讓Paruri拿著作品拍照，
喀嚓
這樣既能看出作品的大小，也能立刻知道是哪個時期的作品。
或者，也可以一邊讓Paruri講關於作品的事，一邊錄影保存下來。
這是三年級的工藝課作品，用衛生紙的捲筒做成的帥氣望遠鏡。
這跟重要文件不一樣，找不到實體也不會帶來實質困擾。所以與其把它們收藏在不見天日的地方，不如拍成照片或影片，想看的時候隨時都能看。
這樣家裡就不會亂哄哄了
有道理……
為大量的作品留下紀錄後，我就將實體丟掉了。
很好
都拿去丟了
開始實際執行後，
今天工藝課畫的畫。
我看看……
拍照後，放入相簿裡……
演唱會
喀嚓
畫得比以前細緻了。
我時不時就會去看以前的作品……
被塵封的回憶，變得更容易存取了。

Paruri的作品，我們都會盡量擺出來展示。
PIANO
Paruri帶回來的作品中，曾經出現唯一個無法展示的作品。
Me的新勞作。
？
這是什麼？
翻翻翻
蛇的腹部……？
我好不容易才畫好的唷！
太長了!!
我在畫植物的根!!
這個無法展示啦!!
把好多張畫紙接成一張

大師，這個作品太宏偉了一點……

第11話

拍攝後也能回味的家庭照片保管術

零整理
有些照片根本不知道
自己是何時、去哪裡、做什麼的……
拍完就不管了

Rikei Otto no Mirumiru Katazuku! Seiri Shunou Jutsu

我不喜歡拍照。
請你不要拍我。
每次看到別人拍下的自己都會感到——
比我想像中還糟……!!
而對拍照產生抗拒。
因此，即使在旅行中，
透過相機的觀景窗來看，就太浪費這幅美景了！
我也會像這樣堅持不拍照。
郵輪之旅
這樣的我，後來之所以會變成天天拿著照相機，
來，要拍照片嘍～
拍得不亦樂乎，是因為——
Paruri的出生所帶給我的轉變。
跟這一格說的話自相矛盾。
果然就是要留下紀錄才好啊……
於是，我開始說起這樣的話來……

數位相機再加上智慧型手機，要拍照太方便，
啊─♪
唔─♪
我一定要抓住這個永恆的瞬間！
但是連唱的是什麼歌都不知道……！
所以我就拚命拍個不停……
托兒所提供照片選購時，我也是只要有女兒有入鏡，哪怕只有一點點我也會買下來。
回憶是很珍貴的……
只有在最後面露出一點點
雖然不停地留下紀錄，卻從來也不回顧。
走馬燈……？
Time can't wait!!
因為時間不斷飛逝啊！
我最不擅長的就是整理不斷增加的東西……
沉甸甸……
唔哦……
擎天巨神阿特拉斯……
因為以上原因……現在開始有一種「回憶好沉重！」※的感覺……
心浮氣躁到可以臉不紅氣不喘地說著無聊的笑話。
那真是非常嚴重了……

※「回憶」和「好沉重」諧音。

那我們先來確認一下現狀吧。
我們家的照片應該大致分成三種，現在是如何保管的？
數位相機拍攝的照片
特殊活動和儀式
旅行
手機拍攝的照片
日常生活
實體照片
托兒所、幼稚園、學校
關於數位相機
老公的做法
我每次拍了照片，都會把照片存進硬碟裡。
細心
2017
2017_運動會
2017_校園成果發表會
2017_箱根旅行
為了方便搜索，而以年度與活動名稱作為檔案夾的名稱。
我的做法
因為不停地拍，所以容量很快就會用完……
糟糕
這麼重要的時刻沒有容量……
因為嫌這種檔案夾的分類工作太過麻煩……
所以就去買新的記憶卡……
SD
反正也很便宜。
BIG
我想說，把SD卡保管好就好了，所以檔案就一直存在裡面……
先把卡收好，其他再說……
哪天再來整理吧……
零食的鐵盒

關於智慧型手機拍的照片
那就只是任由照片在Google相簿中愈積愈多而已……
利用日期等資訊來尋找。
關於沖洗出來的照片
照片一拿到，
就連同紙袋一起裝進一個更大的紙袋裡……
已經裝不下了!!
繃得緊緊的
所以，即使Paruri突然說：
MeMe想看MeMe在小學二年級運動會上拿到冠軍時的影片～
驚
我也只能回答她……
在、在、在這裡面的某個地方……
原來如此……
簡單來說，
就是妳不會整理照片，對吧？
嗚哇！
對不起，我真是差勁的人。
不要哭
淚水
我會想想看有什麼辦法的！
別哭了。

過了一會兒……
讓妳久等了。
要不要試試看這個？
可能讓妳等太久了。
BUFFALO的「回憶盒」※。
用這個來保存照片和影片的檔案。
造型精巧!!
使用方法
①接上電視。
②只要將SD卡插進回憶盒，回憶盒就會自動下載SD卡裡的照片檔案。
SD
整理的步驟就這兩項。
咦？
好簡單……
明明在看這麼可愛的影片，
但過去在電腦上看，總覺得沒什麼感覺……
馬麻—
揮手揮手—
原來還可以在大大的電視螢幕上看啊……
啊哇哇哇
好像很不錯……

※註：一種數位相片機上盒。

可是，真的只要把ＳＤ卡插進去就萬事ＯＫ了嗎？
於是，我試著將之前存放的ＳＤ卡插進去。
真、真的吔！
只要插進去就會自動辨識，自動存入！
不僅如此！
它還會按照時間整理，
也會自動辨識出重複的照片，然後加以排除。
它還有專用的APP，也可以把智慧型手機上拍攝的照片傳送過去。
好方便！
剩下的就是讓回憶盒自動整理照片！
介面上可按照年份、月份、週份顯示，尋找起來十分容易。
2020年2月
SUN MON TUE WED THU FRI SAT
2017年
1月 2月 3月 4月 5月 6月
還會建立起特殊活動的相簿……
縮小範圍搜尋的功能十分完善！可單獨挑選出影片，或以拍攝的相機機型來挑選……
2016年影片
1月 2月 3月 4月 5月 6月 7月 8月 9月 10月 11月 12月
想看的時候，尋找起來十分容易！

以前拍照片，都是拍完就不管了，但後來我們花心思做了許多改變，讓這些照片、影片能夠再次被看到。
好懷念。
用大的電視螢幕播放，就能全家一起看，這樣有趣多了！
是Me!!
以前真的都不會再回頭去看那些拍完的照片……
因為能快速讀取SD卡，所以整理起來沒有壓力。
過去累積了這麼多張SD卡的檔案，轉眼間都被吸入回憶盒裡了……
它還能自動製作投影片，讓回味照片這件事變得有趣多了。
呼—
是Me!!
我以前都是拍來求心安的，也不拿出來看。
步驟精簡，呈現的方式卻十分多樣……
如果收拾整理不能這麼簡約的話，就會讓人持續不下去呢……
事後會想再次回味的人
雖然Google相簿已經把智慧型手機拍攝的照片整理得很好了，但為特殊活動建立自己的相簿，這想法也很棒呢。
運動會

也可以趁著搭車時抽空整理。
因為是很簡便的事，所以趁零碎的時間做就行了。
嗯？
好！感覺沒什麼好擔心的了……
啊……還有這些沖洗出來的照片！
唉～～
不是電子檔，而是實體物，這種東西最難整理了……
所以立刻詢問。
那個……
從送去托兒所的零歲開始，到現在為止的實體照片，全部都在這裡……這些該怎麼處理？
哦！我！
這些的話……
可以使用我們整理照片時用的掃描器！
咦？
？？
可是這些在大小上和紙質上，都和文件不同，沒有問題嗎？

妳看喔，我們先掃一張看看。
放
按下。
運作
好，結束。
咦？這個也會跟文件一樣，被傳送到Google雲端硬碟嗎?!
沒錯。
只要辨識出是照片，就會被放進照片的檔案夾裡。妳也可以自行設定，讓它傳送至Google相簿。
Jpeg
?
嚇死人！
連這種東西都能辨識?!
照片洗好後，妳會連同整個紙袋一起收藏，對吧？
紙袋上寫著沖洗的日期……
姓名 Paruri Kubo
共計 17 張 1700 日圓
申請日 2014年 6月3日

在轉換成電子檔時，我們不妨從最早期的掃描到最新的，好讓照片按時間順序排列。
10歲
0歲
排成一長串
抱歉……
這是這十年來的照片……
照片有厚度，應該沒辦法像一般的文件那樣……
沒有要求他，他就主動替我做了。
嘎嘎
三十分鐘後
掃完嘍。
什麼——?!
無論在電腦或在手機上，都能看得到，對吧？
掃得還真清楚。
原本是多到把大紙袋都塞得滿滿的。
胖嘟嘟
可以去比相撲了……
胖嘟嘟
現在都數位化了……
可、可是……數位化雖然很好，
一大堆
但這些照片該怎麼處理?!

又開始心浮氣躁了……
妳、妳還好嗎?!
怎麼了怎麼了?
因為已經有電子檔了，所以這些其實可以丟了……但丟照片這種事，實在下不了手……
別擔心……
我們又不是要過極簡生活！不用逼自己一定要丟。
不過……
難得有這些照片，把它們放在立刻就能看到的地方，應該會更好吧！
……有道理
如果還有地方收藏的話，保持原狀也沒關係。
說得也是……
有了電子檔，不得不丟照片時，也會比較安心……需要的時候，只要列印出來就好了。
電子檔

※註：《機動戰士鋼彈》中的人物。

整理好幫手！

工具介紹②

不擅整理的我也能變身整理達人

回憶盒

Me也會用喔。

它會**自動**把載入的照片和影片，整理得妥妥當當！

持之以恆整理照片的重點

① 步驟少

插入SD卡即可！

剩下的機器都會幫你完成。

智慧型手機所拍下的照片，也能透過APP無線傳送到回憶盒中。

② 容易找出想看的照片

可以根據年份、月份、週份尋找，

縮小範圍檢索的功能也很完善!!

看影片變得很有趣

使用「回憶盒」之後，
大家一起看舊照片的頻率增加了……
把拔頭髮的顏色怎麼不一樣？
把拔以前瀏海留這麼長啊??
可以感受到時間的流逝……
Paruri出生以前
別在意……

回憶也要好好保管！

#「拾腦」建議 4

收拾的制度要讓全家人一起來執行

平日的信心喊話可提振企圖心

設計這項工作也是由多名工作者一起為一項專案共同努力，因此必須制定出最基本的規則。否則，大家就無法一同朝著專案目標前進。身為一家之主的我，或許就像是專案的組長。我會盡量讓成員們保持著愉快的心情進行收拾整理的工作。如果我做出的指示太過瑣碎，就會使大家意興闌珊。只要達成最基本的規則就夠了，要去肯定成員們的努力，這點十分重要。以我們家而言，我會對她們信心喊話說：「妳做到〇〇了吔。」「能做到這樣就已經很好了。」再者，我老婆很喜歡買收

理科先生的「收

納用品，所以我會問她：「我想要如何如何收納，妳能幫我找到合適的收納用品嗎？」把她擅長做的事，全權交給她處理。

慢慢提高難度

「丟東西」是一項難度很高的行為，對我來說也是。如果一開始就對家人說：「讓我們把東西減少一半吧。」她們也會因「花很多錢買的」等等理由，而完全丟不下手。然而，整理收納的前兩個字「整理」，其實指的正是，將不需要的東西丟掉。丟東西是一條必經之路。所以一開始我降低了標準，對她們說：「重要的東西可以不用動，先看看哪些是完全不能用、形同垃圾的東西。」接著，再稍微提高難度說：「重複的東西應該不需要好幾個吧？」接下來，再將難度提高說：「讓不用的東西出去，就會有新的東西進來唷。」像這樣慢慢擴大丟東西的範圍。一個好的專案組長，就要知道如何降低對方內心的抗拒感。

終章

和老公一起將凌亂的場所一一收拾整理乾淨。
這個包包有破洞。
我會丟掉……
沒想到最後竟然減少了三分之二的物品……！
全盛期的
丟掉
一方面也是出於老公工作上的需求，我們就在此時決定搬家了。
這間應該不錯吧？
而且很便宜。
咦？
五十平方公尺（約十五坪）……？
現在是七十平方公尺（約二十一坪）吔……
是因為空間小才這麼便宜吧……
一家三口住在五十平方公尺的地方，不會太擁擠嗎？
好擠啊—
好小啊—
房子的大小會變成現在的七成左右，但我們的家當已經變成以前的三分之一了。
搬家應該還會再減少……
70m² → 50m²
減至1/3
50m²
1/3
家當 空間大小
理論上來說，應該不至於感到擁擠。
我已經眼花撩亂了……

再說，過個十年Paruri應該也會自己搬出去住。
哪有，Me一直到四十歲都想給你們養。
爸爸太過分了ー
咦……
四十歲……？
以後會變成只有我們兩個人生活，從這個角度來看，我覺得便利性和教育環境才是現在的首要條件，房子大小是其次。
房子太大也有大的困擾……
原來如此……
最後會留在這裡的只有兩個人……
原來如此……原來還可以從這樣的角度來思考……
我接受了「因為家當減少了，所以沒問題」的說法。
五十平方公尺的空間經過裝修後，我們才搬遷入住。
move搬家
因為東西少，所以總是看得見地板！
老愛嫌麻煩的我，竟開始用蒸氣拖把拖地了……
冒出蒸氣
因為養成了收拾的習慣，所以總是能將使用過的地方恢復原狀！
這麼寬敞的空間，看不出只有五十平方公尺！
即使房子小也能創造出舒適的空間！這種收拾的習慣感覺今後也能一直持續下去！

號外！
50㎡的整潔生活！
Komaki家大公開！

學會收拾整理屋子後，Komaki 一家人搬到了一間 50 ㎡的公寓。

✧ 能讓一家三口在小空間中舒舒服服過日子的智慧與妙計，全都在這裡！

客廳

▲桌子下的白色包包，是用來裝我的工作道具。為了方便移動，所以選擇了包包形式的收納箱。

保持整齊的重點

▶關於文件，則是在不起眼的地方，放上白色的資料文件收納盒，就能收納得十分整齊。

[客 廳]

可以立刻恢復整齊的狀態！

我們的屋子裡，LDK（客餐廚合一的空間）被設計得特別寬敞，想要讓這裡看起來清爽整齊，就必須增加平面，而我們的做法是，盡量減少太高的家具，以及不放置多餘的物品。雖然臥房和兒童房比較窄小，但只要把臥房當作睡覺時才要用到的地方，就能住得很舒適。原本Paruri在客廳念書，是造成家中凌亂的原因，而現在也改成在房間裡念書。我也是在客廳工作，所以容易把家中弄亂，但現在利用桌子下的無效空間來收納我的工作道具，東西該如何歸位變得十分明確，因此立刻就能恢復成這樣的狀態。

[走廊]

當作收納和遠端辦公的空間！

放置一排堅固並加裝防震設備的家具，將走廊改造成收納空間。白色的家具原本是書櫃，但我們買回來後不只當成書櫃，也把其中一個角落當作放餐具的空間。此外，像是文具、藥品、雜貨，也都裝在盒子裡並收納在這裡。新冠疫情爆發後，遠端辦公的機會增加，意外地讓這個空間得到更多的利用。

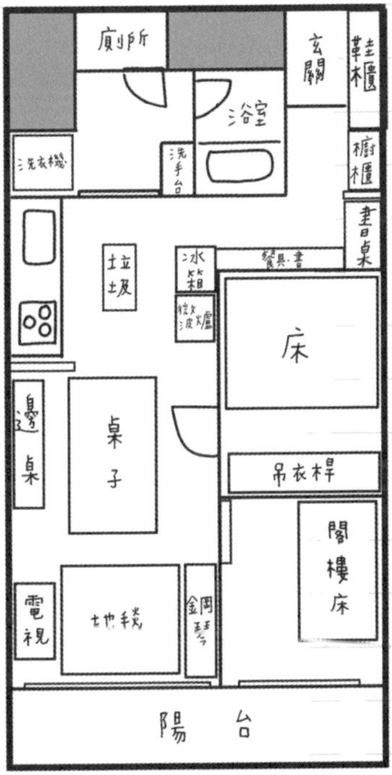

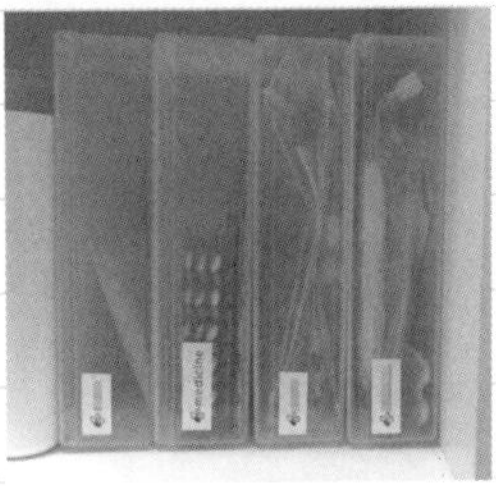

▶櫥櫃裡，用盒子分裝藥品、文具等物品。正如漫畫正篇所介紹，藥品是分裝成一人一盒，以便拿取。

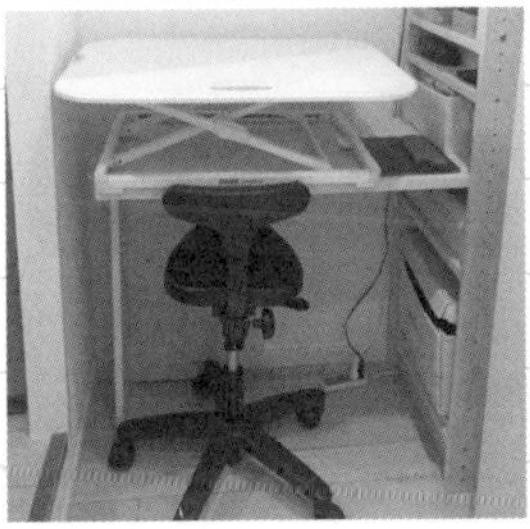

◀將書桌放置在走廊底端，製造出一個能安靜工作的場所。我們購買的是升降桌，坐累了可以站起來工作，十分方便。

▶Paruri的書本也收藏在這個書櫃中。因為可以放置的空間有限，所以在購買新書前，必須先留意還剩多少空間。可以利用二手書店賣書，以控制藏書量。

◀餐具雖然在漫畫中已大量減少，但搬家時又再次經過一番取捨，因此現在的餐具數量只剩下原本的五分之一左右。不過，我覺得還可以再減少。

廚房

▼利用小抽屜，打造出專門收納廚房常用的塑膠袋、網類的空間。將過去放得十分凌亂的小東西分別收納。現在使用時變得很方便，家人也都很讚賞。

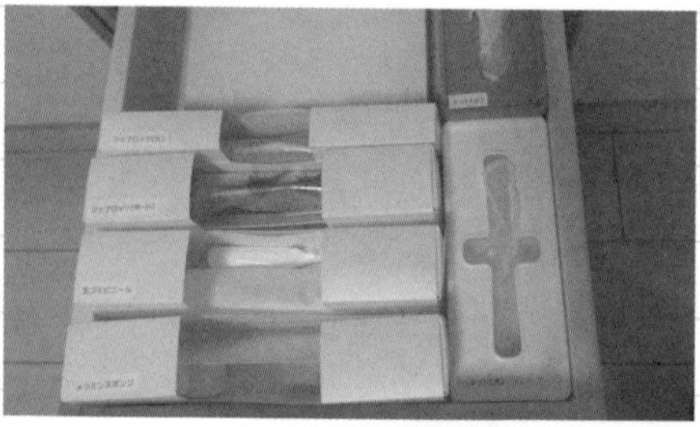

[廚房]
空間無比充足♪

廚房是減少掉最多物品的場所之一。因為流理台上收拾成什麼都不擺的狀態，所以整理起來十分輕鬆，尤其是清潔得到各個角落，也可以保持衛生。當我發現廚房的東西幾乎都沒有在使用時，內心受到了強烈的衝擊。當廚房只留下自己真正用得到的食材和工具後，就幾乎沒有什麼東西可以放置在流理台上了。

▼在放置海綿的位置上，稍微花了點心思。改放在水槽內側，平常就不會被看到了。

▼水槽下方的空間也曾被堆放得滿坑滿谷，但是當我一邊和自己對話，一邊逐一丟棄後，就產生出了這麼充裕的空間。我有自信還可以再清除掉一些東西！

玄關

▲搬家後玄關變小了，鞋櫃也只剩下一半的空間。不過，因為鞋子已經大幅減少，所以空位還很充足。

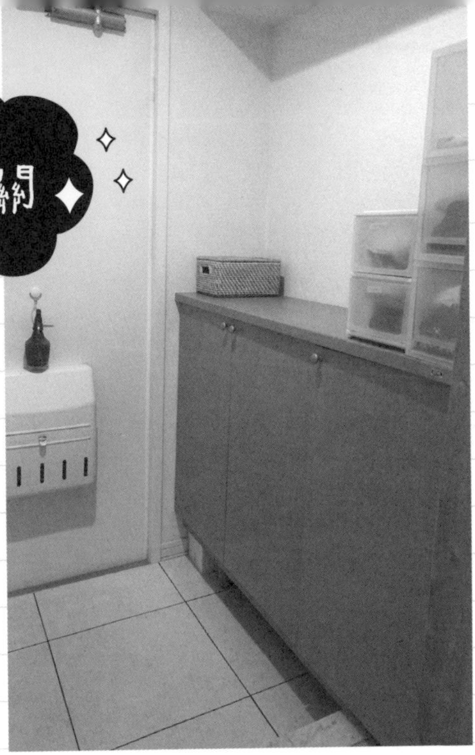

▲照片前景處的抽屜，是用來裝家中每個成員的小方巾和面紙，最近也會放置酒精等預防感染的用品。

[玄關]

鞋櫃上方也要放最少的東西！

鞋櫃上方我們也盡全力不放任何東西。雖然一有空間，就會忍不住放東西，但認真思考就會發現，也沒有什麼東西是非放不可的。這個心態上的轉變，應該是我跟以前最不同的地方。

臥房

▼雖然天花板會變低，但是因為不會在床上站起來，所以我覺得其實當初床鋪還可以再做得高一點。

◀我們買了很多個有滾輪的置物架，放置在床鋪下方的收納空間中，這麼一來只要將置物架拉出來，裡面的東西就一目了然。

[臥房]

用訂製的床鋪有效運用空間！

新家的臥房狹小到沒辦法放兩張床。因為面積無法再增加，所以我們想到的解決方法是，將床鋪下方當作收納空間，於是訂製了高70cm的床鋪。

後記

非常感謝您將這本書閱讀到最後！

我竟然會畫一本以收拾整理為主題的圖文書，我到現在都還感到難以置信。
在我的記憶中，從小我就沒有把收拾整理的工作真正做好過。
小學時代，課桌的抽屜總是亂糟糟的。房間凌亂不堪已是我的預設模式。
我當然不是故意要弄亂的。
正確來說，我大概是因為不知該怎麼整理而束手無策。

老公取得整理收納顧問一級的證照，開始主導家中的收拾整理工作時，
我有生以來才第一次好好問自己：「我想過什麼樣的生活？」
「為何要收拾整理？」「該如何收拾整理？」

家中之所以凌亂，主要是因為相對於空間來說，物品太多。
我想，這應該是許多家庭的通病。
即使是用不到的東西，當初一定是認為需要才買的，
所以丟不下手也是理所當然。我也經歷過很多次丟不下手的時刻。
在這本書中，我描繪了許多我與老公在丟東西時的對話。
如果你也有收拾整理上的煩惱，請務必將那些對話套用在自己身上。

我想，我丟不下手的心情，應該跟許多讀者一樣。
請克服這種心情，培養出淘汰物品的能力。

老公也曾多次提醒我，收拾整理的工作不是一天內就能完成的。
要像這樣一樣一樣地去面對自己長久累積下來的物品，往往令人感到束手無策。
然而，當你深入自己的內心，正視自己為何丟不下手時，
或許你在清理物品的同時，也會慢慢開始清理掉自己過去的既定觀念。

最後，我想要感謝「蜂蜜圖文編輯部」的松田主編、片野女士，
以及責任編輯的白熊女士，在這本書的製作上給予我幫助。
當我因為其他工作面臨困境，而在漫畫上卡關時，
她們仍舊給我溫暖的鼓勵，陪伴我一步一腳印的前進，
這段經歷我一輩子都不會忘記。
「圖文作品畫法講座」是讓我畫出這本書的契機，
講座中的同期同學們一直都是我的心靈支柱。
我衷心期盼這本書能幫助各位讀者，建立起舒適的生活。

Komaki Kubo

【專業推薦】用整理收納，改變我們的生活

只要同心協力！

當伴侶成為整理收納達人，對亂七八糟的妻子來説，是救贖還是壓力呢？

本書寫實地呈現了不會整理與擅長整理的人的對話，前者同理你的難處，後者一語道破你的盲點。

可愛幽默的漫畫情節，讓每個人都輕鬆學習整理觀念與收納訣竅。

只要家人同心協力，一定能讓環境煥然一新！

Blair／整理師

隨身整理顧問

這是一本好像有個隨身的整理顧問，在你身邊陪著你整理的書。

我很推薦的使用情境是：你已經減少一定物品的量，想要更加精益求精或掌握維持整齊的訣竅的你來看。

賴庭荷／衣櫥醫生

直接說出了為什麼我們無法好好整理

整理不再只有女生在乎，大家慢慢有了收納整理意識，男生也可以成為最好的收納顧問，為這個家盡一份力，這本書點出了大家整理不好的原因。

其實維持整潔最簡單的方法就是「物歸原位」，但大家一直做不好的原因是：當我們歸位的地方有太多不用的物品佔據，歸位就變得不容易且麻煩。

認真面對會發現，其實自己真的囤積了很多用不到的東西。

當它們清掉了，自然就能產生空間讓物品輕鬆歸位。

這本書用簡單的漫畫呈現，透過理科先生的角度，男生來引導收納整理，更理性更有邏輯，輕鬆帶你進入收納的世界。

廖心筠／收納教主

延伸閱讀★挖掘高木直子的編輯出書了！

《煩惱10秒就夠了：不多想，凡事做了再說！突破型編輯的工作術》
松田紀子◎著　李璦祺◎譯　松田奈緒子◎繪

作者松田紀子屢創業界奇蹟！
★經手企劃的圖文書銷售累計達四百七十萬冊以上★

＼自媒體時代，人人都需要「編輯力」／
一旦決定了就去做！
姿態要低，志氣要高。

投入最多感情的是高木直子的《一個人住第5年》，
松田編輯第一次到高木的小窩，
一進門簡直難以置信，小到不能再小的房間，
高木在東京孤軍奮鬥五年了，
成為插畫家的夢想若無法實現，就要打包回老家……
沒想到松田編輯說，畫出來，很多人一定可以感同身受！
不是編輯才要有編輯魂，各行各業都要有編輯魂。
時代無論怎麼改變，
松田編輯的工作術正是永遠必備的能力。

好　書　推　薦　★　高　木　直　子

《媽媽的每一天：高木直子陪你一起慢慢長大》

不想錯過女兒的任何一個階段，
我們整天都在一起……
一起學習，泡澡時唸浴室的大海報あいうえお；
一起散步，紅燈靠邊停，綠燈直直走，
一起看路上的小花小草，
二十四小時，整年無休，每天陪她，做她「喜歡」的事，
媽媽的每一天，充滿矛盾的心情。

《再來一碗：高木直子全家吃飽飽萬歲！》

一個人想吃什麼就吃什麼，
隨興就好幸福；
兩個人一起吃，意外驚喜特別多，
偶爾做一頓手卷壽司大餐！
現在三個人了，簡直無法想像的手忙腳亂，
小時候覺得好吃的東西，現在要讓女兒體會更多更多，
然後大聲對我說：再！來！一！碗！

《媽媽的每一天：高木直子手忙腳亂日記》

40歲媽媽的育兒生活，雖然辛苦卻很快樂，
陪你再過一次童年！
第一次帶女兒野餐，第一次帶女兒散步，
第一次抱著女兒盪鞦韆……
有了孩子之後，生活變得截然不同，
過去一個人生活很難想像現在的自己，
但現在的自己卻非常享受當媽媽的每一天。

《已經不是一個人：高木直子40脫單故事》

過去一個人的心情一個人照顧，
現在會變成兩個人的關心對話；
一個人可以哈哈大笑，
現在兩個人一起為一些無聊小事笑得更幸福。
兩人40幾歲才相識相知，
以為可就此過著屬於我們的幸福日子，
不料懷孕、生產接踵而來！
每天過得雖然忙亂卻也充滿歡樂與幸福。

TITAN 147

理科先生煥然一新整理術

把空間變大變整齊的收納法

Komaki Kubo◎圖文

李璦祺◎翻譯　何宜臻◎手寫字

出版者：大田出版有限公司
台北市104中山北路二段26巷2號2樓
E-mail：titan3@morningstar.com.tw
http://www.titan3.com.tw
編輯部專線（02）25621383
傳真（02）25818761
【如果您對本書或本出版公司有任何意見，歡迎來電】

填回函雙重贈禮♥
①立即送購書優惠券
②抽獎小禮物

總編輯：莊培園
副總編輯：蔡鳳儀
行銷編輯：藍婉心
行政編輯：楊雅涵／鄭鈺澐
校對：黃薇霓／李璦祺

初版：二〇二二年（民111）十月一日
定價：新台幣 380 元
網路書店：https://www.morningstar.com.tw（晨星網路書店）
購書專線：TEL：（04）23595819　FAX：（04）23595493
購書Email：service@morningstar.com.tw　郵政劃撥：15060393
印刷：上好印刷股份有限公司　（04）23150280
國際書碼：ISBN 978-986-179-762-5　CIP：422.5／111011802